前　言

我们经常羡慕那些成功者，羡慕那些在各个领域取得伟大成就的人，每个人内心也都希望自己能够成为这样的人。

但在现实中，这些羡慕往往又会催生出另一种病态心理——自卑。

毫无疑问，自卑会限制个人的发展和成长。它会让人畏缩不前，不敢做任何尝试。面对一项工作上的挑战，自卑的人可能会害怕、会抗拒，他们担心自己完成不了，也担心会把事情做糟，所以干脆把头一低，去逃避这个挑战。

不光是工作，生活中，一个自卑的人身上也会散发出极重的负能量，这种负能量会让许多人避而远之。

这也是为什么，自信的人总是容光焕发，成为人群的焦点。而自卑的人总是那么不起眼，一个人默默地消失于人群之中。

所以，自卑会让人沉沦，而自信能让人超越。要连接自卑与超越，我们就必须将自卑转化成自信，并成功地去驾驭自己。

相信许多人都看过一些企业家演讲。对我们普通人来说，公开演讲本身就是一件非常困难的事情。面对台下那么多盯着自己的眼睛，谁都害怕说错话、出洋相。

但大家发现没有，像马云这样的企业家，在演讲时总能镇定自若，侃侃而谈，浑身都散发出一种自信的光芒。

有人会觉得，这是由身份和地位决定的。马云到了那个位置，他有自信的资本。

这话其实是混淆了自信与能力的关系。一个人并不是因为有了能力才自信，相反，很多人都是因为自信才更有能力。马云在创业成功之前，也并不是一个自卑的人。他可以拿着自己的项目跟每一个有合作可能的人去谈。假如你看过马云早期的演讲视频就会发现，他一直是个自信满满的人。

也有人可能会混淆自卑和内向的关系。简单来说，内向者并不一定就是自卑者，相反，他们可能还是强烈的自信者。就拿微信创始人张晓龙来说，他看似腼腆，很少出现在公众视野中。但对自己想做的事、要做的事，张晓龙从不怯懦。他的创业过程也是如此，认准了就去做，在微信之前，他已经开发出多款成功的软件产品，这不是一个自卑者能达到的高度。

我们都知道自卑是负面的，自信是正面的，想打破自卑枷锁，实现从自卑到自信的转变，我们首先就要认识自卑、认识自我。

当一个人自我认知不全时，他会认为自己比别人差，也不知道自己的优势和强项在哪里，久而久之，自卑也就成了他的常态。

所以，要想自信，我们首先要认识自卑、认识自我。

认识自我之后，你会发现自己不会比任何人差，你身上有着可以实现梦想的潜能和潜力，只要释放出这些潜能，你离自信也就更近一步。

在了解自己的长处和潜能之后，我们可以继续对自己的心态进行改造，克服对困难、挫折和未知事物的恐惧，坚定自己的信念，如此一来，自信也就成了水到渠成的事。

当我们实现从自卑到自信的转变后，再来实现人生的超越，不就变得很简单了吗？

本书大致也是按照这个顺序，从心理学角度，教大家认识自卑、认识自我，释放潜能，克服恐惧并坚定信念，最终实现平凡人生的超越。相信读完本书，大家对自己一定能有更加深刻的认识和见解，也希望这本书能够帮到每一个在自卑中沉沦挣扎的人，帮助你打开一片新世界。

作者

目 录

第七章 超越平凡：用自信实现自我

第一章
自卑畏怯：最可怕的敌人

人生最可怕的敌人不是别人，而是自己的自卑畏怯。一个自卑的人，面对生活没有正气，面对挑战没有决心，面对困难没有勇气，最终，他会被生活囚禁，被挑战击败，被困难压倒。要实现从自卑到超越，我们就必须先认识自卑，认识这个可怕的敌人。

自卑是人性中的"软骨病"

自卑在心理学中属于性格上的弱点，是一种低劣的心理素质和消极的心态，是一个人的心理"软骨病"。

心理"软骨病"是让人爬行的病，让人落后的病，是自我愚昧的病。一个人得了这种病，就将永无出头之日；一个民族或一个国家得了这种病，就会永远落后于别人或别国的后面。正如大仲马所说："怀疑自己的人就像加入了敌人行列并携带着打击自己的武器的人，他第一个确信自己失败，而且最终成为失败者。"

自卑让你从成功的梯子上跌落下来，并形成失败的恶性循环。自卑的人常常把注意力高度集中于自己的不足，他们对自己的结论是：自己是如何无能，以至于无论多么努力地去练习都不可能做得更好，因此放弃努力，他们还常常指责自己这也不是，那也不行。噩运自然要来临了。

自卑主要表现为对自己的能力、品质等自身素质评价过低，心理承受力脆弱，经不起较强的刺激；谨小慎微、多愁善感，常产生疑忌心理，行为畏缩、瞻前顾后等。自卑心理主要来源于心理上的自我消极暗示，表现为：

1. 现实交往受挫产生消极反应的结果

青年学生在交往中常可能遇到不能克服的障碍，从而导致交往受挫的发生。例如，自己的良好表现没得到老师应有的重视或同学的预期反应，有自卑感倾向的人对此会难以忍受，因而灰心丧气、意志消沉。这种不良后果会产生消极的自我暗示，使得自卑心理更加趋于严重。

2. 生理上的某些不足引起消极的自我暗示

由于先天或后天的原因，有些人由于个子矮小、过胖、五官不正、身体有残疾、缺陷等原因，怀疑或担心自己被他人耻笑而引起的自卑，表现为离群索居、不敢主动交往或不肯接受他人的友谊。

3. 对自己智力估计过低带来的消极暗示

有些人因自己学习、工作没有什么出色之处，因而过低地估计自己的智力水平，甚至认为自己一无是处。在交往中过于拘谨，放不开手脚，总担心自己成为他人的笑料。

4. 对自身心理的不当评价带来的消极自我暗示

自卑者大多对自己的性格、气质等心理特点有一些了解。但对自身存在的不足往往过分夸大，表现出对这些弱点无能为力。

"软骨病"的原因

心理上的"软骨病"是如何产生的呢？

——缺"钙"。人体缺钙，会使人站立困难，更无法奔跑。心理也会缺"钙"，导致人的心理脆弱，精神软弱。

1. 客观原因

（1）社会大环境给我们每个人都造成这一缺"钙"现象

我们的社会是以男性为主体的父系社会，推崇阳刚，不喜欢阴柔。

因此，男性要有足够的"坚强"，性格果断，性能力强悍，充分显示男性的实力。这一切令一些男性或多或少认为自己男子气不够从而对自己不满，自卑感便由此扎根。对女性来说，更有"女子处处不如男"的自卑感了。

中国人自卑心理的形成还与我们的传统文化有关，如"中庸之道""自知之明""夹着尾巴做人"以及过去不停地进行"批评与自我批评"，让人看不到自己的长处，永远处于自责之中，这样能不自卑吗？

（2）家庭、学校、社群生活也是制造自卑的工厂

孩提时，觉得父母、老师都比自己大，从而产生一种依赖长辈的心态，长辈的娇惯，更觉得自己是弱小的，从而产生自卑心理。

在家庭、学校和生活中，一个人若受到贬抑、否定、孤立、轻视、羞辱、误会、指责、虐待、讥笑、忽略、谩骂，如，"看你，笨得像猪一样""你长得真丑"等，这种消极的反面暗示是自卑感产生的重要原因。

（3）经常和自卑的小人物打交道，是自卑感的传染渠道

由于人们对自卑感的免疫力并不是很强，所以被传染的可能性是很大的。

（4）个人生活中的特殊事件也可以造成一个人的自卑

如那些由于车祸、火灾等意外事故而造成残疾的人，他们的自我心像随之变得低下、萎缩等也是消极自卑形成的原因之一。正如行为主义学派所认为的，一切行动实际上都是由一系列的刺激——条件反射作用所组成的。

（5）各种不考虑后果的夸张或批评，其破坏性也是极大的

如：一个学生一次没考好，就被骂作"没出息、笨蛋"等；一个小孩弄坏了一种东西就被指责为："你怎么净搞破坏呢""成事不足败事有余"；一个孩子长得不漂亮就被人指骂着说："看你长得像丑八怪，不讨人喜爱，一边去吧！"这给一个孩子心灵上种上了"我不值得别人爱"的种子，逻辑推理就变成了：既然没有人爱我，我也不值得自己爱了。

2.主观原因

以上都是客观上产生自卑的原因，人的主观认知和个性也是形成自卑感的主要原因：

（1）把一次失败与终生失败相混淆

例如，一个小孩偶尔拿了别人的东西，就骂他是"小偷，长大也不是个好东西"。这种悲剧性的重复，也许就把孩子真的推到了偷盗的泥坑中去了。

一个学生一次数学没考好，就被老师指骂为："你基本东西都错了，就不是学数学的料。"这个学生把老师错误的指责，当作了真理，有可能终生不喜欢数学或害怕数学。

（2）追求完美容易产生自卑感

家长和老师苛刻地要求学生一定要考100分或一定要当第一，学生成绩排名次，第一名与第二名差0.1分，这0.1分之差究竟能说明什么问题呢？使得第二名的学生产生"我不如他"的感觉。百分制虽然很精确，但却导致学生斤斤计较，且更容易伤害学生。当他们成绩不如别人时，就认为自己是最差的学生。追求满分的学生就

是追求完美，追求完美的人谨小慎微，不敢逾越，这种人是不敢创新和不敢冒险的人。

（3）拿自己的缺点和别人的优点相比

眼睛总是盯着自己的缺点，还美其名曰是"有自知之明"。其实"自知之明"的意思是要知道自己的优点和缺点，并不是只能看到自己缺点的人才叫"有自知之明"。这是一种认知的误区。

如果一个人总拿自己的缺点去对比别人的优点，他将永远不如别人。找差距的目的虽然是为了缩短差距，但它的副产品却是自卑，这种做法也许能带来一些进步，却永远跟在别人后面爬行，很难有领先性的突破。

弗洛伊德认为：人的童年经历虽然会随着时光流逝而被逐渐淡忘，甚至在意识中消失，但仍半顽固地保存于潜意识中，对人的一生产生持久的影响力。所以童年不幸的人更易自卑。遗憾的是世界上没有一个人能在生理、心理、知识、能力乃至生活多方面都是十全十美的优秀者或强者，即所谓"金无足赤，人无完人"。因此，从理论上说，天下无人不自卑，只是表现的方式和程度不同而已。加之我们所受的教育是个人自卑的教育多于个人自信的教育，致使自信这株嫩苗难以长成健康的参天大树。

何必自卑，你是最好的

在生活中，很多人都有被自卑侵扰的经历，在还没有开始做一件事情之前，内心总会冒出一个声音："你不行，你做不到，你比别人差劲……"在这个声音的打击、否定下，我们会不自觉地低估自己的能力，妄自菲薄，以至于一事无成。

古希腊的大哲学家苏格拉底在风烛残年之际，知道自己时日不多了，就想考验和点化一下他那位平时看来很不错的助手。他把助手叫到床前，说："我的蜡所剩不多了，得找另一根蜡接着点下去，你明白我的意思吗？"

"明白，"那位助手赶忙说，"您的思想光辉是得很好地传承下去……"

"可是，"苏格拉底慢悠悠地说："我需要一位最优秀的传承者，他不但要有相当的智慧，还必须有充分的信心和非凡的勇气……你帮我寻找一位好吗？"

"我一定竭尽全力。"助手郑重承诺道。

听了他的话，苏格拉底笑了笑。

那位忠诚而勤奋的助手，不辞辛劳地通过各种渠道开始四处寻找了。可他领来一位又一位，都被苏格拉底一一婉言谢绝。一次，当那位助手再次无功而返时，病入膏肓的苏格拉底硬撑着坐起来："真是辛苦你了，不过，你找来的那些人，其实都不如……"

"我一定加倍努力，"助手恳切地说，"找遍五湖四海，也要把最优秀的人选挖掘出来。"

苏格拉底笑笑，不再说话。

半年之后，苏格拉底眼看就要告别人世，最优秀的人选还是没有眉目。助手非常惭愧："我真对不起您，令您失望了！"

"失望的是我，对不起的却是你自己，"苏格拉底很失意地闭上眼睛，停顿了许久，才又不无哀怨地说，"本来，最优秀的就是你自己，只是你不敢相信自己，才把自己给忽略、给丢失了……其实，每个人都是最优秀的，差别就在于如何认识自己、如何发掘和重用自己……"一代哲人就这样永远地离开了他曾经深切关注着的世界。那位助手非常后悔，甚至自责了整个后半生。

如果那位助手能克服自己因自卑而产生的自我否定，那么他一定能成为苏格拉底的关门弟子，从而有机会成就一番伟大的事业。可惜的是，他没能克服自卑，他不敢承认自己的优秀，所以，他只能与成功失之交臂。

由此可以看出，自卑的心态对于我们的人生有着怎样大的危害。一个自卑的人，势必对自己缺乏一种正确的认识，他总是轻视自己，认为自己一无是处，觉得自己永远无法赶上别人。在这种消极心态的奴役下，试问，他又怎么可能将工作做好，又怎么可能做出一番骄人的成绩呢？

《世界上最伟大的推销员》的作者奥格·曼狄诺说过："我是自然界最伟大的奇迹。自从上帝创造了天地万物以来，没有一个人和我一样，我的头脑、心灵、眼睛、耳朵、双手、头发、嘴唇都是与众不同的。言谈举止和我完全一样的以前没有，现在没有，以后也不会有。虽然四海之内皆兄弟，然而人人各异。我是独一无二的造化。"

其实，我们每个人都应该拥有这样的自信，生而为人，在这个世界上，我们就是独一无二的存在，我们并不比谁差，只要我们能点亮自信心，我们就能在学业和事业上有所作为，我们就能活出一个精彩的人生。

美籍墨西哥人露皮塔从小智力很差，先是降级，被列入反应迟钝者之列，后来因学业太差，不得不眼泪汪汪地退学了。

她16岁就出嫁，婚后生了两男一女。后来，她的两个孩子也被列为低能者，这使她难以承受。她决心帮助孩子，从自己求学做起！

露皮塔去求人帮忙，人家答复她："你的履历表明你反应迟钝、智力低下，我不能推荐你上学。"她在雨中泪流满面地走回家，哭着对自己说："别泄气！"

她又去找孩子们的校长商讨办法，校长建议她到两年制的得克萨斯南方学院去试试。南方学院的登记员为她的强烈愿望所感动，答应她先试一年，不过，"丑话说在前头，如果你考试不及格就得走。"

就这样，露皮塔上学了，还兼顾家务，每天两头忙。全家都赞许她新的追求，但又以为要不了多久她就会离开学校重新安心做家庭主妇的。

到第一学年末，露皮塔惊奇地意识到：自己的能力并不比别人差，自己应该有一个大学学位。于是，她除了继续在南方学院学习，又进了70英里远的泛美大学学习，每天4点起床，不怕苦累。3年后，她取得了初级学院学位，还以优异的成绩取得了泛美大学的理科学士学位。

孩子们发现他们的母亲与众不同。一般美籍墨西哥母亲都上不了大学，孩子们因为母亲而倍感荣耀。在母亲的激励下，孩子们各方面的能力有所发展，两个儿子的学习成绩一天天地提高，自信心也随着增强，他们转到了正常班级里。

1971 年，露皮塔被授予文学硕士学位，又当上了豪斯登大学发起的墨西哥美国文化研究会的理事。新的工作又促使她去攻读行政管理的博士学位，并在学习和工作之余在大学任教，每周还给基督教女青年在夜校上两次课。但她从未忘掉孩子们，她总是挤出时间赶回家参加所有体育比赛。

1977 年，露皮塔取得博士学位，接受了颇具威望的美国教育委员会的会员资格。她是有史以来第一个获得该委员会奖的拉丁美洲妇女。1981 年，她又被提升为拥有 3.1 万名学生的豪斯登大学的教务长助理。

后来，露皮塔为缓和种族关系而积极努力，为成千上万的警察和消防人员讲授西班牙语课和种族关系课，并获得政府部门的赞誉。随后，里根总统任命她到全美司法顾问委员会研究所工作。接着，她又获得了各类荣誉：豪斯登大学授予她杰出教学奖，一家西班牙语地方报纸设立了以她姓名命名的奖赏基金，墨西哥瓜达拉哈拉自治大学授予她杰出教育家奖。

这些荣誉对露皮塔来说当然是十分重要的，但在她心底里，没有什么比孩子们的成就更让她欣慰了。她的长子马里欧是内科医生，次子维克多是位律师，女儿玛莎在攻读法律。马里欧说："假如说我们有所作为，那是因为我们的母亲给了我们爱抚、自信和支持，使我们能够有所作为。我觉得上帝一直抚摸着我们，而我们的母亲便是上帝的手。"

仔细想想，我们的条件会比露皮塔更差吗？没有吧，至少大部分人的智力都很正常，都能接受正常的教育，日子过得也不用那么辛苦，那为何我们却不能像她那样成功呢？原因很简单，因为我们不像她那样自信。

没有自信，也就意味着我们给自己画地为牢，牢外的世界是我们没有资格碰触的，成功是属于别人的，等待我们的只有失败。在工作中的具体表现就是，我们不相信自己能解决工作中遇到的问题，也不相信自己有能力担当更多的重任。

长期这样否定、打击自己，我们当然没办法用心工作，而一旦缺少锻炼的机会，我们的能力自然也得不到提升，最后就只能眼睁睁看着别人一路升职加薪了。

所以，如果我们不想得到这样一个惨淡的结局，那从现在开始，就要打破自卑的枷锁，重新点亮自信心，多给自己一点肯定、认可和鼓励，抬头挺胸投入到职场的战斗中去，用心将工作做好，用出色的成绩换取自己想要的成功。

困难有时候只是看起来可怕

相信很多人都听过这样一句话——世上没有绝望的处境，只有对处境绝望的人。很显然，在遇到困难的时候，自卑的人最容易心生绝望，一方面，他们过于夸大了困难的可怕，另一方面，他们又过于小瞧了自己的实力。

其实，困难只是一只"纸老虎"，我们完全不必感到害怕，相反地，我们要拿出更多的自信，争取在气势上压住它，然后再一举攻克它，

11

取得最终的胜利。

世界著名的游泳健将弗洛伦丝·查德威克，一次从卡得林那岛游向加利福尼亚海湾，她在海水中连续游了 16 个小时，虽然最后只剩下一海里了，但她看到的是前面的茫茫大雾，潜意识里就有了"何时才能游到彼岸"的想法，这使她顿时感到浑身困乏，失去了信心。于是她请求帮助，结果被拉到了小艇上休息，从而失去了一次创造纪录的机会。

事后，弗洛伦丝·查德威克才知道，她已经快要登上成功的彼岸，阻碍她成功的不是大雾，而是她内心的疑惑。是她自己在大雾挡住视线之后，对创造新的纪录失去了信心，然后才被大雾所征服。

过了两个多月，弗洛伦丝·查德威克又一次挑战自己，重游加利福尼亚海湾，临近终点，她不停地对自己说："这次我一定能够战胜自己，我一定能成功！"

经过一番给自己加油打气后，弗洛伦丝·查德威克终于如愿以偿，横渡海峡成功，通过挑战自己她实现了渴望已久的目标，也给她自身带来了更大的自信。

在困难面前，如果我们丧失自信，不敢迎难而上，那困难这只"纸老虎"就会变成"真老虎"，最后气势汹汹地横亘在我们跟成功之间。

美国第 28 任总统威尔逊曾经说过："要有自信，然后全力以赴——如果能具备这种良好的心态，无论做任何事情，十之八九都能成功。"

由此可见，在实际工作中，我们一定要果敢地点亮自信心，不管遇到多大的困难，都不要害怕，更不能打退堂鼓，而是要勇往直前，朝着困难进发，直至顺利将它解决。只有这样，我们才能圆满完成工作，创造出骄人的成绩。

希尔顿，美国旅馆业巨头，人称旅店帝王，其开创的希尔顿集团是遍布全球的高档连锁酒店，几乎无人不知，无人不晓。然而，很少有人知道，希尔顿在开始创业时，身上仅有 200 美元资金。

200 元美金能创什么业呢？这是很多人心中的疑惑，大家都觉得希尔顿背后一定有靠山，其实并非如此，他之所以能创业成功，完全是因为他足够自信。

希尔顿刚开始创业时，把眼光瞄准了酒店业。但是他几乎没有任何启动资金，但强烈的自信让他预感到他将会成功。于是，他就凭借其自信的言行四处游说，希望那些银行家和风险投资商能为他的项目注入资金。最终，在希尔顿强烈自信心的感染下，再加上他的项目本身的切实可行，很多金融家纷纷投资。

有了资金作为铺垫，于是项目很快被启动。但就在酒店建设进行到了一半的时候，有个投资商由于听信了谣言而对希尔顿产生了怀疑，并嚷着要撤出资金。

稍微有些金融常识的人都知道，如果这时有人突然撤资，很可能会引起雪崩般的连锁反应，到时一看形势不好可能所有的投资人都会提出这种要求。由于当时很多资金已经投资进去了，希尔顿已经没有了能力去全部偿还那笔钱，到时资不抵债的他很可能会被起诉。

面对这突然的变故，自信的希尔顿却冷静如常、镇定自若。他提前准备好了大量的现金和支票，随后把那个吵着要撤资的投资商请了过来，然后开诚布公地问他：想要现金还是支票？

来人看到希尔顿满抽屉的现金与支票后，仍然不为所动。希尔顿又对他说："等你走的时候，如果你还是要坚持撤回投资，那就现金支票任你选。"无疑，希尔顿的这番信心十足的话语，起到了一定的作用，那个人一时不再谈论要撤回投资的事。

看着自己已经稳住了对方的情绪，接着，希尔顿又乘胜追击，但并没有去直接反驳他以让他收回撤资的决定，而是入情入理地分析道："你看，现在项目已经展开，如果按预定的计划进行下去，你一定能够得到应有的投资回报。但如果你这时宣布撤回投资的话，那么，你不仅得不到收益，而且还会因为破坏合同而必须进行赔偿，将会更加得不偿失。"

那个人最终被希尔顿的自信乐观所感染，决定继续进行投资，酒店的建设也得以顺利进行，希尔顿的事业从此蒸蒸日上。

在面临投资商要撤资的困境时，希尔顿的超强自信让他没有被害怕的情绪所裹挟，而是很快冷静下来，用心思考应对之策。事实也证明，当他带着自信心去工作时，往往能迸发出非凡的才干和智慧，所以很快便从困境中突围，收获成功。

行走职场，很少有人会一帆风顺，谁都被困难迎头痛击过，谁都在低谷险境徘徊过，虽然我们不能左右环境，但我们能改变自己的心态。也就是说，在困难当前，只要我们对自己多一点信心，不害怕，不慌张，就一定能战胜困难这只"纸老虎"，最后顺利完成手头上的任务，并实现职场晋升的美梦！

自卑与尝试

我们都知道，在工作中，谨慎是一种很好的品质，它能让一个人避免犯错，但凡事过犹不及，谨慎过度往往会限制我们的事业发展。

行走职场，一个谨慎过度的人，通常都缺乏自信心，他们害怕未知，恐惧失败，不敢尝试自己没有做过的事情，也不敢探索新的事物，所以这种人注定是不可能在事业上取得惊人的成就的，在人才济济的职场上，他们还很有可能面临被淘汰的危险。所以，我们若想获得成功，就要拿出自信心，大胆尝试，勇于探索。

比伯·伯克晋升为约翰森公司新产品部主任后的第一件事，就是开发研制一种儿童所使用的胸部按摩器。对此，他很有自信，并非常用心地去做这项工作。然而，这种新产品的试制失败了，伯克心想，这下可要被老板炒鱿鱼了。

很快，伯克就被召去见公司的总裁，然而，让他没有想到的是，总裁非但没有责怪他，还很热情地接待了他。

"你就是那位让我们公司赔了大钱的人吗？"罗伯特·伍德·约翰森总裁问道，"好，我倒要向你表示祝贺。你能犯错误，说明你很有自信，敢于尝试，我们公司就需要你这种有探索精神的人，这样公司才有发展的机会。"

数年之后，伯克本人成了约翰森公司的总经理，他仍然牢记着前总裁的这句话。

伯克的故事告诉我们，企业管理者都普遍欣赏有冒险精神的员工，虽说尝试和探索不一定能取得成功，但不尝试、不探索，就永远没有发展的机会。

总之，冒险与收获常常是结伴而行的，风险与机遇也总是连在一起的，不管我们从事何种工作，如果总想着把风险剔除干净，那就不可能抓住潜在的机遇。所以，身为员工，在工作中我们绝对不能太过保守、胆怯、害怕变化，整天只知道躲在警戒线内，看着别人迅速地往前跑去，一定要点亮自信心，勇敢地踏入未知的领域，多尝试，多探索，争取干出一点儿成绩。

很多啤酒商都认为，要打开比利时首都布鲁塞尔的啤酒市场很困难。开始的"哈罗"啤酒厂也是如此。

那时的哈罗啤酒厂市场份额正在一年一年地减少，工厂也因为啤酒销售的不景气而没有钱在电视或报纸上做广告。销售员林达曾多次建议厂长到电视台做一次演讲或者广告，但都被厂长拒绝了。

林达决定冒险去做这个事情，于是他贷款承包了啤酒厂的销售工作。但如何去做广告成了林达的心病。有一天，他徘徊到了布鲁塞尔市中心的于连广场。广场中心的铜像启发了他，那个撒尿的男孩铜像就是用自己的尿浇灭了侵略者炸城的导火线，从而挽救了这个城市的小英雄于连。

林达突然有了主意，他决定做一件别人从未做过的事情。

第二天，路过广场的人发现，于连雕像的尿由水变成了金黄剔透、泛着泡沫的"哈罗"啤酒。旁边还立着一块写着"哈罗啤酒免费品尝"的广告牌。

如此新颖的广告，很快传遍全市，市区四面八方的老百姓都聚集于此，他们拿着自己的瓶瓶罐罐来接啤酒喝。电视台、报纸、广播电台也争着报道这一奇观。

那一年，"哈罗"啤酒厂的啤酒销量一下了增长了近 20 倍。这个叫林达的小伙子也轰动了整个欧洲，成了闻名布鲁塞尔的销售专家。

不难发现，林达是一个充满自信，有着冒险精神的员工，他主动在工作中做了一次大胆的尝试，结果证明，他的尝试和探索是正确的，他得到了意想不到的收获，最终成就了一番让无数人羡慕不已的事业。

由此也可以看出，敢于尝试，勇于探索是挑战成功的第一步，在工作中敢冒风险的人，才能抓住成功的机遇，才能在众多的员工中脱颖而出，给自己的事业打下坚实的基础。所以，不要害怕尝试，在探索的路上遇到的任何艰难险阻，都将是对我们能力的一种锻炼和提升，就算最后以失败告终，我们依旧能收获很多。

当然，我们也要记住，冒险、尝试和探索绝对不是赌徒的孤注一掷，也不是鲁莽者意气用事的蛮干。在做出任何冒险的决策之前，我们多要认真地问问自己，此举成功的概率大不大，如果一点儿把握都没有，那就不要轻易出手。

英国哲学家培根说过："世界上有许多做事有成的人，并不一定是因为他比你会做，而仅仅是因为他比你敢做。"是的，敢做的人都拥有非凡自信以及超强的行动力，他们对待任何事情都不会轻易说"不"，在他们看来，很多事情只有自己去做了，才能领悟其中的奥秘，只有大胆地尝试，才会明白成功并非高不可攀。

因此，我们每一位渴望在职场平步青云的人，都要迅速点亮心中的自信之灯，带着自信去工作，在工作中敢于冒险，勇于探索，只有这样，我们才能有所成就。

打开格局，看到潜能

我们的生命格局打不开，我们的潜能就会受到限制。打开生命的格局，坚定地走下去，奇迹就会来临。

命运掌握在自己手中。但你的心灵之门如果不打开，就无法改变既定的局面。打不开人生的格局，你就拿不到打开成功大门的钥匙，也改变不了你的命运。

人的心灵往往受现实诸多因素的制约和束缚，导致人不敢对既定的现状有所憧憬，有所突破。生命的潜力是无限的，可惜我们有时把自己限制在一个小圈子里，无形中抑制了生命潜力的发挥。

有个钓者在岸边岩石上垂钓，有几名游客在欣赏海景之余，亦围观钓上岸的鱼。

只见钓者把竿子一扬，钓上了一条大鱼，有三尺来长，落在岸上后，那条鱼仍腾跳不已。钓者冷静地用脚踩着大鱼，解下鱼钩，顺手将鱼丢回海中。

围观的众人一阵惊呼，这么大的鱼还不能令他满意，足见钓者的雄心之大。就在众人屏息以待之际，钓者渔竿又是一扬，这次钓上的是一条两尺长的鱼，钓者仍是不多看一眼，解下鱼钩，便将这条鱼放回海里。

第三次钓者的钓竿又再扬起，只见钓线末端钩着一条不到一尺长的小鱼。

围观众人以为这条鱼也将和前两条大鱼一样，被放回大海。却不料钓者将鱼解下后，小心地放进自己的鱼篓中。游客中有人百思不得其解，遂问钓者为何舍大鱼而留小鱼。

钓者回答："哦，那是因为我家里最大的盘子，只不过有一尺长，太大的鱼钓回去，盘子也装不下……"

安东尼·罗宾说："在我们每个人的生命中，都会面临许多害怕做不到的时刻，因而画地自限，使无限的潜能只化为有限的成就。"

钓鱼者打不开狭窄落后的思维，放弃三尺长的大鱼而宁可要不到一尺的小鱼，这是令人难以理解的取舍标准，而钓者的唯一理由，竟是因为家中的盘子太小，盛不下大鱼。钓鱼者目光短浅，心灵被现实束缚，所以注定他打不开生命的格局。即使运气来到他身边，他也抓不住。

成功者总是重复着："我想我能，我想我能。"人们常常在自己生活的周围筑起界线，要么他们就生活在别人强加给他们的局限里。这些局限通常不是别人的，而是自己强加的。无形的枷锁限制了他们潜能的发挥，最终他们一生碌碌无为。

好多人给自己套上许多限制，觉得这个做不到，那个也做不到。最终，你可能一生碌碌无为。你或许认为你现在的一切都是命中注定的，现实的一切不可超越，不管你持有此观点的时间有多长，你都是错的。你可以通过改变自己的态度和习惯来改进自己的生活。我们中的许多人应更为成功，但我们在生活中失去很多，因为我们会安于现状，这比我们能取得的一切少得多。

每个人的生命里都有一颗伟大的种子，这颗种子就是你内心蕴藏的潜能。无论是谁都是有价值的人，都有能力创造美好事物。

在现实生活中，如果你只听到别人说你不够资格，你多半会相信他们的话。如果别人不断告诉你，要赢得大家的认可，你也一定会照着去做。

林肯曾说："你的态度决定了人生的高度。"你的立场，决定了你的成败。外物充满了诱惑，只有坚持自我正确的立场，方能打开生命格局，开拓一方属于自己的天地。

即如果你是对的，则你的世界也是对的。你认为你行，则你就能发挥潜能，你就能成功。换句话说，只要你有信念，你就能发挥出你的潜能。

佛兰在 1961 年加入了职业足球队。专家给他的评价实在不怎么令人兴奋，但他是唯一不相信外界评价的人。

那份评价报告说他"做总指挥身材嫌太小，双脚动作太慢，而且太弱——无法承受处罚"。读了这份专家报告后，你可能认为这位年轻人应该放弃竞争激烈的足球生涯，求取一份平稳的工作。

如果你读了一份有关自己的如此报道，会做何感想呢？但佛兰是个有决心的人。他不但成功地留在球队，而且在短期内成为最佳球员。他不但成为第一控球手，还获得最佳夺球手和最佳传球手的美誉。

事实上，佛兰不仅是美国足球联赛中任期最长的一位控球手，他的传球码数更超过足球史上任何一位控球手。这位明尼苏达州维京队的佛兰的确是美国足球史上了不起的球员。

哲人曾说："真理只掌握在少数人的手里。"因为大多数人总是受到别人意见的左右而放弃自我的想法，只有坚持了自我的人，方能了解真理的真谛。哥白尼提出了"太阳中心说"，却遭到当时统治阶级的威逼，但他没有屈服，而是坚持自己的观点。很多个世纪过去了，人们记住了他，记住了他能在权力的威逼利诱下，坚持自我。哥白尼在当时是不幸的，而他的"太阳中心说"却至今普耀当世，温暖着千万人。

坚持自我，才能打开生命的格局，发挥自己的潜能，让生命焕发出不一样的精彩。布兰克富林是一个大学没毕业，却有着精明头脑的人，他设计出了一"套"软件，到一家公司推荐自己的专利却遭到拒绝，这样的事不知道发生了多少次，别人劝他放弃，他却毫不动摇地一家家推荐，最终被一家公司赏识，而一举成名。换作他人，或许早已心灰意冷了，而他却能够在坚持自我中挖掘自己的潜力。

在追求成功的路上，我们要解除自我限制，让自己自由地思想，不断拓展生命的空间。只要你认准的事，就要坚持做下去，成功一定属于你。

自卑者都看不到自己的潜能

潜能犹如一座待开发的金矿，蕴藏无穷，价值无比，而我们每个人都有一座潜能金矿。

每个人都蕴藏着巨大的潜能。由于外界条件的限制，人们的潜能大都没有开发出来，犹如一座未被开发的金矿。据科学家研究，人的大脑蕴藏着巨大的潜力。一个人大脑中的神经细胞多达 150 亿左右。人每天能记录生活中大约 8600 万条信息。可以容纳相当于 5 亿册书的知识总量。目前，人的一生只用了自身自学能力的百分之一，只利用了自己智力潜力的五分之一到四分之一。

苏联著名学者与作家叶夫雷夫曾指出：当现代科学使我们对人脑结构和功能有一定了解时，我们立刻为它的潜力之大而震惊万分。在通常的工作生活条件下，人只运用了思维工具的一小部分。如果我们能迫使头脑开足一半马力，我们就会毫不费力地学会 40 种语言，把苏联百科全书从头到尾背下来，完成几十个大学的必修课程。

美国著名的神经语言学家罗宾说："一个人自身的潜能犹如沉寂的火山，一旦被叩醒，便会产生出所向披靡的骇人力量。"

一位已被医生确定为残疾的美国人，名叫梅尔龙，靠轮椅代步已 12 年。他的身体原本很健康，19 岁那年，他赴越南打仗，被流弹打伤了背部的下半截，被送回美国医治，经过治疗，他虽然逐渐康复，却没法行走了。他整天坐轮椅，觉得此生已经完结，有时就借酒消愁。

有一天，他从酒馆出来，照常坐轮椅回家，却碰上三个劫匪，动手抢他的钱包。他拼命呐喊拼命抵抗，却触怒了劫匪，他们竟然放火烧他的轮椅。轮椅突然着火，梅尔龙忘记了自己是残疾，他拼命逃走，竟然一口气跑完了一条街。事后，梅尔龙说："如果当时我不逃走，就必然被烧伤，甚至被烧死。我忘了一切，一跃而起，拼命逃跑，及至停下脚步，才发觉自己能够走动。"

著名心理学家詹姆斯说："我们只不过清醒了一半。我们只运用了身体上和精神上的一小部分资源，未开发的地方很多很多，我们有许多能力都被习惯性地糟蹋掉了。"我们每个人身上都蕴藏着巨大的潜能，可是，大多数情况下我们不知道如何去开发。有些人一生碌碌无为，自叹命运不济，殊不知他的命运就掌握在自己手中，他之所以一事无成，是因为他的潜能没有得到开发。

人人都希望自己一帆风顺，然而，平静安逸的生活最容易埋没我们的潜能。相反，困境与危机往往能激发我们的潜能。

一位农夫在谷仓前面注视着一辆轻型卡车快速地开过他的土地。他14岁的儿子正开着这辆车，由于年纪还小，他还不够资格考驾驶执照，但是他对汽车很着迷——似乎已经能够操纵一辆车子，因此农夫就准许他在农场里开这客货两用车，但是不准上外面的路。但是突然间，农夫眼看着汽车翻到水沟里去，他大为惊慌，急忙跑到出事地点。他看到沟里有水，而他的儿子被压在车子下面，躺在那里，只有头的一部分露出水面。这位农夫并不很高大，根据报纸上所说，他有170厘米高，70公斤重。但是他毫不犹豫地跳进水沟，把双手伸到车下，把车子抬了起来，足以让另一位跑来援助的工人把那失去知觉的孩子从下面拽出来。当地的医生很快赶来了，给男孩检查一遍，只有一点皮肉伤，需要治疗，其他毫无损伤。

这个时候，农夫却开始觉得奇怪了起来，刚才他去抬车子的时候根本没有停下来想一想自己是不是抬得动，由于好奇，他就再试一次，结果根本就动不了那辆车子。医生说这是奇迹，他解释说身体机能对紧急状况产生反应时，肾上腺就大量分泌出激素，传到整个身体，产生出额外的能量。这就是他可提出来的唯一解释。要分泌出那么多肾上腺激素，首先当然体内得产生那么多腺体。如果自身没有，任何危急情况都不足以使其分泌出来。

这个故事说明一个道理：一个人通常都存有极大的潜在体力，在危急时刻它就可能爆发出来。农夫在危急情况下产生一种超常的力量，并不仅是肉体反应，它还涉及心智的精神的力量。当他看到自己的儿子可能要淹死的时候，他的心智反应是要去救儿子，一心只想把压着儿子的卡车抬起来，而再也没有其他的想法。可以说是精神上的肾上腺引发出潜在的力量。而如果情况需要更大的体力，心智状态，就可以产生出更大的力量即潜能。这是一个关于人类巨大的潜能的真实例子，狗急能够跳墙，人急能够爆发潜能。

有位学者这样说："编撰 20 世纪历史时可以这样写：我们最大的悲剧不是恐怖的地震，不是连年战争，甚至不是原子弹投向日本广岛，而是千千万万的人生活着然后死去，却从未意识到存在于他们身上的巨大潜能。"

其实，我们每个人都是天才，这并非夸大其词。我们每个人身上都蕴藏着无限潜能，但是这些巨大潜能都处于沉睡状态，远远没有得到开发、利用。在生活中，我们经常听到一些人怀疑自己的能力，遇到一点儿挫折就灰心丧气，就觉得自己不是做这一行的料。其实，不是你不是那一块料，而是你没有挖掘出你身上巨大的潜能。只要努力，你也完全可以成功的。成功并不是什么难事，只要行动，就有收获；只有坚持，才有奇迹。

第二章
激发潜能：打破自信与自卑的界限

每个人身上都有你自己看不到的能量，我们很多人之所以不能突破自卑与自信的界限，就是因为没有将这种潜力发挥出来。有的人甚至都知道自己有这样的潜力。所以，要释放自己的潜能就必须找到自己的潜能，这是解决一切问题的前提。

打开潜意识的潘多拉宝盒

拿破仑·希尔说："个人可以通过潜意识随心所欲地汲取无穷智慧给予的力量。"然而，潜意识不能自动发挥它的作用，发掘潜意识要有正确的方法。

我们可以用这样一个比喻来形容潜意识：一座海上的冰山，浮在海面上可以看得见的部分，是意识；在海面下人们看不见，但又决定着整座冰山的走向的部分，是潜意识。冰山隐藏在海平面以下的主体部分对整座冰山起着支配作用，同理，潜意识蕴藏着人们的各种思想感情、心态观念，进而支配着人们的行为。

潜意识具有把人导向成功与财富的强大动力。潜意识作为人的巨大潜能，如果得到积极的调动，使其指导我们的创富实践活动，它将具有不可估量的动力作用。

福勒是美国路易斯安那州的一个黑人佃农七个孩子中的一个。他在五岁时开始劳动，九岁之前就以赶骡子为生。这对于贫穷家庭出生的孩子来说算不了什么特殊的事。这些家庭已经习惯于听从命运的安排，他们认为贫穷是命中注定的，因而，他们并不要求改善生活。

然而，福勒与他的小伙伴有点不同，他有一位不平常的母亲。他的母亲在内心反抗着这种仅够糊口的贫穷生活，她知道她的贫困的家庭生活在一个繁荣富裕的世界中。她认为眼前贫穷的现状一定隐含着一些蹊跷。

她时常给她儿子说她的看法："福勒，我们不应该贫穷，或不愿意听到你说我们的贫穷是上帝的意愿。我们的贫穷不是由于上帝的缘故，而是因为你的父亲从来就没有产生过致富的愿望。我们家庭中的任何人都没有产生过出人头地的想法。"

母亲所说的"没有人产生过致富的欲望"这种观念在福勒幼小的心灵深处刻下了不可磨灭的烙印，它作为一种潜意识的力量，通过自我暗示的引发，不断地刺激他追求致富之路，以至改变了他的一生。

当福勒长大成人之后，他的致富欲望像火花一样迸发出来。他决定把经商作为生财的一条捷径，最后他选定经营肥皂。于是他挨家挨户出售肥皂达 12 年之久，一点一滴地积蓄了 25 000 美元。

潜意识好比一部功率巨大的机器，一旦我们学会正确地打开潜意识的按钮，它就能发生、接受、记录和传送能量。打开潜意识这部机器的按钮，最重要的方法是通过树立、保持积极的心态与确立固定的目标这两条途径。

在一般情况下，一个人的潜意识都处于沉睡状态，积极的心态可以唤醒一个人的潜意识。潜意识就像每个人身上的一个看不见的法宝，这个法宝犹如一张牌的两面，一面印着"积极的心态"五个大字，一面印着"消极的心态"五个大字。这个看不见的法宝有两种令人吃惊的力量，它有获得财富、成功、幸福和健康的力量，也有排斥这一切，或掠夺一切使你的生活有意义的东西的力量。

积极的心态，可以使人勇于挑战自我，斗志昂扬，攀登上成功的高峰，并逗留在那里；消极的心态，则可以使人的意志日益消沉下去。因此，树立、发展和保持一种积极的心态，并经常不断地利用积极的心态去刺激、唤醒和调动你的潜意识，使之服务于你的成才致富的需要，是非常重要的。

亨利·恺撒是一个真正成功的人，这不仅是由于使用他的名字的几个公司拥有十亿以上美元的资产，更是由于他的慷慨和仁慈，使得许多不能说话的哑巴能说话了，许多跛子过上了正常人的生活，许多病人以很低的费用得到了医疗。所有这一切都是恺撒的母亲在他心田里所播下的种子生长出来的。玛丽·恺撒给了她的儿子亨利无价的礼物——教他如何树立积极的心态，并用以刺激和调动他潜意识中的成功欲望，以实现人生最伟大的价值。

玛丽在工作一天后，总是花费一定的时间做义务保姆工作，帮助不幸的人们。她常对儿子说："亨利，不从事劳动，从来也不能完成什么事情。如果我什么也不遗留给你，只留给你劳动的意志，那么，我就给你留下了无价的礼物：劳动的欢乐。"恺撒说："我的母亲最先教给我对人的热爱和为他人服务的重要性。她经常说热爱人和为人服务是人生中最有价值的事。"劳动的欢乐，热爱人和为人服务作为一种积极的心态时常都在刺激和调动亨利的潜意识去实现人生价值。

第二次世界大战中，他建造了1 500多只船，其造船速度震动了世界。当时他曾说："我们每10天能建造一艘'自由轮'。"专家们说："这是做不到的。这是不可能的。"然而事实上恺撒做到了，他以积极的心态调动潜意识去发挥其定向能动性的动力作用，创造了举世震惊的奇迹。

　　这个故事说明一个道理：积极的心态能够激发潜意识的力量，使你创造奇迹。好多人整日沉浸在怨天尤人的悲观情绪中，无形中阻止了自己潜意识的发挥。

　　其次，可以通过确立固定目标调动自己的潜意识。一个人只有有了固定目标，他才会努力奋斗，他才会心甘情愿地付出自己的努力和汗水，一步步地实现自己的目标。目标是引导一个人前进的指示灯，固定的目标同积极的心态相结合，是开创奇迹的起点。你应该记住：我的世界是要改变的，我有能力选择我的目标。

　　罗伯特·克里斯托弗就是具有确定目标，并使之与积极的心态相结合，以刺激潜意识中的成功欲望的一个典型例子。当罗伯特还在孩提时代，他阅读了儒勒·凡尔纳的《八十天环游地球》这本书，他的想象力被激发了，一种环绕世界一周的欲望随着他的成长越发变得强烈。

　　他认为："别人用80天环游世界，我为什么不能用80美元周游世界呢？我相信任何一定的目的都是能够达到的，如果我们有诚意和信心的话，也就是说，如果我从我所在的地方出发，我就能达到我最想到达的地方。别的一些人能够在货轮上工作而得以横渡大西洋，再搭便车旅行全世界，我为什么就不能呢？"罗伯特在一张便条上开列了一个他可能面临的问题表，并记下解决每个问题的办法。罗伯特长大后成了一位熟练的照相师。当他最后做出决定用80美元周游世界后，他立即就行动起来。制订了周密的计划，一步一步地实施。最后罗伯特用80美元周游了世界，时间是 84 天。

一个人确定自己的目标并不是一件简单的事，它甚至会包含一些痛苦的自我考验。但无论要花费什么样的努力，它都是值得的，因为只要你说出你的目标，你的人生就有了前进的动力和方向。

潜意识犹如一个充满活力和生机的巨人，如果你无法唤醒它、调动它，它只能永远睡在你的心中。让灵魂深处的宝藏就这样浪费与埋没实在是件令人遗憾的事。我们只有树立积极的心态去唤醒它，用固定的目标去驱使它，这位沉睡的巨人才能站起来，从而可以影响、协调、控制和运用你所有已知或未知的力量，引导你奔向成功与财富。

用竞争激发你的潜能

每个人的潜能都是无限的，然而每个人都有许多潜能尚未发挥。我们可以通过竞争对手来提升我们的危机意识，激发我们的潜能。

孟子说："生于忧患，死于安乐。"现代社会是一个充满竞争的社会，国家之间，企业之间，个人之间，不论何时何地都存在着竞争。面对诸多的竞争对手，我们便产生了危机意识和紧迫感，也就是孟子所说的"忧患"，正是这种意识才使我们不断进取，取得更好的成就。

然而，在现实生活中，许多人把竞争对手看作是心腹大患，是异己，是眼中钉、肉中刺，恨不得马上除之而后快。其实，这种观点是错误的，竞争对手是你成功的帮手，有了对手，才会使你有危机感，才会有竞争力，才会使你奋发图强，不得不革故鼎新，锐意进取。否则，你只有被社会所淘汰。

非洲草原上曾生活着一种鹿，世代处于狼群的威胁之下，擅长奔跑，健壮无比。后来人们为了保护它，将狼清除出草原。始料不及的是，鹿从此懒散起来，在无忧无虑中患起富贵病，整个种群渐渐退化。

由此类推，人一旦没了对手，生活与工作将失去激情和动力，社会将失去生机。因此，现代社会流行一种豺狼哲学。说是没有了豺狼，老弱病残的动物会太多，以致形成流行疾病；没有了豺狼，吃草的动物会太多，以致动植物不均衡。正是有了豺狼这个强大的对手，动物界才能生机勃勃，不断地淘汰老弱病残，维持良好的生态平衡。豺狼使普通的动物树立了一定的危机意识，要想生存，要想不被豺狼吃掉，就要不断提高躲避豺狼的能力。

挪威人在海上捕得沙丁鱼后，如果能让其活着抵港，卖价就会比死鱼高好几倍。但只有一只渔船能成功地带活鱼回港。该船长严守成功秘密，直到他死后，人们打开他的鱼槽，才发现只不过是多了一条鲇鱼。原来当鲇鱼装入鱼槽后，由于环境陌生，就会四处游动，而沙丁鱼发现这一异己分子后，也会紧张起来，加速游动，如此一来，沙丁鱼便活着回到港口。这就是所谓的"鲇鱼效应"。

运用这一效应，通过个体的"中途介入"，对群体起到竞争作用，它符合人才管理的运行机制。这种方法能够使人产生危机感，从而更好地工作。

动物没有竞争对手，也就没有了野性；一个人没有竞争对手，就会自甘平庸与堕落；一个群体如果没有竞争对手，就会因过度安逸而丧失活力；一个国家如果没有了对手，就会逐渐走向懈怠和腐败。一个行业如果没有竞争对手，就会丧失革新的动力，安于现状而逐渐走向衰亡。

因此，我们要善待对手，千万不要把对手当成"敌人"，而应该把他当作你前进的动力。真正促使你成功、让你坚持到底的，正是那些常常可以置人于死地的、使你受挫折、打击的对手。

竞争对手就是我们的一面镜子。好多人没有自知之明，狂妄自大，竞争对手却让我们看清自己。

有这样一个寓言故事：一只猴子偶然得到一面镜子，它拿在手里左照右看，并不知道镜子里的猴子就是自己，它踢踢身边的黑熊说："老兄，你快瞧瞧，你瞧瞧里面这个丑八怪，你瞧，他还做鬼脸呢，还活蹦乱跳呢。不过，我不得不说，我们猴子家族中，这样装腔作势的丑八怪还着实不少呢，我都能把它们的名字一个个数出来给你听！"它自负地接着说："不过，也没有那个必要，反正我不像它就是了。如果我有一丁点跟它相像，我真要愁得不知道如何去死了！"黑熊懒洋洋地抬起眼皮，看了一眼自以为是的猴子，不屑地讽刺道："老兄，镜子里正是你自己，别再笑话别人了，回过头来看看自己的丑态吧！"猴子傻眼了，它说什么也不相信自己竟是这副嘴脸！

猴子手握镜子却无法看清自己，说明它缺少自知之明。现实生活中，如同故事里的猴子一样看不清自己，看不清身边同类的人大有人在。竞争对手就在眼前，他们的一举一动你历历在目。

一个强劲的对手，会让你时刻有种危机四伏感，它会激发起你更加旺盛的精神和斗志。善待你的对手，千万别把他当成"敌人"，而应该把他当作是你的一针强心剂，一台推进器，一条警策鞭。善待你的对手，因为他的存在，你才会永远是一条鲜活的"沙丁鱼"。

法国化学家普鲁思特和贝索勒为探讨定必定律，从 1799 年至 1808 年，争吵了 9 年。最后普鲁思特证明了定必定律，成为胜利者。但是，他没有因此而趾高气扬，而是感谢对手的质难，才促使他深入地研究下去。他认为发现这条定律，应该有贝索勒一半的功劳。而贝索勒也为对方发现真理而高兴，写信向普鲁思特祝贺。

有竞争，就免不了有输赢。即使你在竞争中失败了，也不要怨恨对手，而是把对手当作你的良师益友，虚心向他学习。学习他的长处，反思他的不足，不让自己再犯同样的错误，更不要置对手于死地。现代竞争是一种高级商战，我们必须学会更理智更高明的竞争方法，认真研究对手，进而超越对手，要以柔克刚，少搞针锋相对，这才是功力。

你一定要记得，胜负乃兵家常事。一时的失败不代表你永远失败，你同样可以取人之长，补己之短，有朝一日东山再起。

是竞争对手激发我们的潜能，使我们走向成功。我们的成功离不开竞争对手的陪伴和激励。只有不断让自己的实力更雄厚，勇敢地参与各项竞争，才能立于不败之地。

挫折中孕育着你的潜力

换一种心境来面对困难挫折，你就会发现挫折不是你的绊脚石，而是你成功的加速器，是挫折成就了你。

一个人要获得成功，必定要经过很多挫折和磨难。困难和挫折是开发我们潜能的催化剂。

当一个人身处顺境时，尤其是在春风得意时，一般很难看到自身的不足和弱点。唯有当他遇到挫折后，才会反省自身，弄清自己的弱点和不足，以及自己的理想、需要同现实的距离，这就为我们克服自身的弱点和不足、调整自己的理想和需要提供了最基本的条件。所以，挫折是人生的催熟剂，经历挫折、忍受挫折是人生修养的一门必修课程。

草地上有一只蛹，被一个小孩发现带回了家。过了几天，蛹上出现了一个小裂缝，里面的蝴蝶挣扎了好长的时间，身子似乎被卡住了，一直出不来。天真的孩子看到蛹里的蝴蝶痛苦挣扎的样子十分不忍，于是，他便拿起剪刀将蛹壳剪开，帮蝴蝶破蛹而出。然而，由于这只蝴蝶没有经过破蛹前必须经历的痛苦挣扎，以至于出壳后身躯臃肿，翅膀干瘪，根本飞不起来，不久就死了，当然快乐也随之消失了。这个故事告诉我们，要想得到快乐必须能够承受痛苦和挫折，苦难是对人的磨炼，也是一个人成长的必经之路。

我们在日常的工作和生活中，总是会有坎坷的，任何一个人在成长的道路上，都会遇到这样那样的困难和挫折。我们不要逃避挫折，挫折有可能是我们命运转机的枢纽。

挫折是我们每个人成长的必经之路，未经历挫折的人生是不完美的人生。有句名言说得好，如果你想一生摆脱苦难，你或者是神或者是死尸。这句话形象地说明了挫折是伴随着人生的，是谁都逃不掉的。我们能够做到的，只是如何减少、避免那些由于自身的原因所造成的挫折，而在遇到痛苦和挫折之后，则力求化解痛苦，力争幸福。我们要知道，痛苦和挫折是双重性的，它既是我们人生中难以完全避免的，也是我们在争取成功时，不可缺少的一种动力。

春秋时代，吴越交战，越国失败。越王勾践只好"卑辞厚礼"向吴求和，等待东山再起。勾践先用美女、金银珠宝贿赂吴王和众臣，还用妻子做人质，自己为吴王当马夫。勾践还为吴王送茶送饭，端屎端尿，终于赢得了吴王信任，得以被释放。勾践死里逃生回国后，卧薪尝胆，一面继续进贡吴国，一面聚兵训练。经过十年的积累，越国终于由弱国变成强国，最后打败了吴国，吴王羞愧自杀。越王勾践卧薪尝胆 20 年，最终成就灭吴的大业，成为春秋最后一个霸主。

勾践灭吴的故事告诉我们：我们千万不要害怕挫折，而应该感谢挫折，因为没有经受挫折的洗礼，我们难以成功。正是因为挫折多了，所以我们的意志才会更加坚定，对人生的理解才会更加深刻，我们的潜能才会发挥得更好。

任何成功都包含着失败和挫折，每一次失败都是通向成功的台阶。成功与失败并没有绝对不可跨越的界限，成功是失败的尽头，失败是成功的黎明。挫折的次数愈多，成功的机会亦会愈近。成功往往是最后一分钟来访的客人，成功与失败的差距只在完全做对一件事情和几乎做对一件事情的时候来临的。

明初著名的文学家宋濂，在他年轻的时候，因为家里穷，没有钱买书，就向有藏书的人家借，在冬天，他的手指冻得不能屈伸，但他还是继续抄写书中的内容，并依时归还给别人。后来他又冒着严寒，长途跋涉，不顾双脚的皮肤皲裂疼痛向老师请教。最后宋濂成为文学家，他的成就离不开他勇于面对挫折及坚强不屈。

挫折是一种挑战和考验，在挫折面前人们的精神比较专注，人们的潜能因受到刺激而得到发挥。可以这么说，正是挫折和教训才使我们变得聪明和成熟，正是失败本身才最终造就了成功。所以，对于我们来说，没有什么是逾越不了的。只要我们能够战胜自己，就可以战胜挫折。我们最大的敌人就是我们自己。

挫折在人的一生中是不可避免的，不要哀叹自己为什么那么倒霉，人总要遇到不如意或是失败，其实每个人都会遇到挫折，只是大小不同而已。做任何事情要想获得成功，就必须付出代价，而遇到挫折和失败是所付出的代价的一部分。遇到失败或是挫折并不可怕，关键的是如何对待挫折，不能一遇到挫折就心灰意冷、一蹶不振。人生如果仅求两点一线的一帆风顺，生命也就失去了存在的魅力。把每一天的失败都归结为一次尝试，不去自卑；把每一次的成功都想成一种幸运，不去自傲。

当我们遇到坎坷、挫折时，不悲观失望，不长吁短叹，不停滞不前，把它作为人生中的一次历练，把它看成是一种人生成长中的常态，这将助你更好地谱写出自己的人生精彩。人生必有坎坷和挫折。挫折是成功的先导，不怕挫折比渴望成功更可贵。

从某方面说，挫折对我们来说是一件历练意志的好事。唯有挫折与困境，才能使一个人变得坚强，变得无敌。挫折足以燃起一个人的热情，唤醒一个人的潜力，而使他达到成功。有本领、有骨气的人，能将"失望"变为"动力"，像蚌壳那样，将烦恼的沙砾化成珍珠。

不经历风雨，怎能见彩虹？没有失败的人生绝不是完美的人生。当你战胜失败的时候，你会对成功有更深一层的感悟。就是在这样一次次的感悟中，你走出了一个完美的人生。

大海里没有礁石激不起浪花，生活中经不住挫折成不了强者，身处困境创造奇迹的例子并不在少数。挫折会带来痛苦和损失，亦会让人在承担挫折的过程中得到磨炼和奋起。正所谓"自古英才多磨难"，挫折在那些成功的人面前，成为人生的阳光，折射能使阳光美丽起来，挫折也会使人生变得美丽起来。

目标法则：终点线也是赛跑的动力

假如你打算去商场买手提袋。一进到店里，你注意到对面柜台正在销售劳力士手表，橱窗里放着醒目的广告，上面高昂的标价令人瞠目结舌。虽然你并不打算买这款天价手表，但它昂贵的价格会不会在潜意识里就对你购买手提袋的心理价位产生影响呢？

我们再设想另外一种情况，假如我们一进店门，就看到大厅里摆放着一排柜子，上面胡乱地堆放着一些衣服，醒目的广告上写着"大促销，每件低至 10 元钱"。虽然你或许对这些过季的衣服兴趣不大，但它低廉的价格会不会在潜意识里，对你购买手提袋的心理价位产生一定的影响呢？

这其实是一种非常典型的暗示效应。心理学上对暗示效应是这样定义的：暗示效应是指在无对抗的条件下，用含蓄、抽象诱导的间接方法对人们的心理和行为产生影响，从而诱导人们按照一定的方式去行动或接受一定的意见，使其思想、行为与暗示者期望的目标相符合。这样的暗示，有外界对我们的暗示，也有我们的自我暗示。

所谓的自我暗示是指：人或环境以非常自然的方式向自己的意识发出信息；我们的潜意识在无意中已经接受了这种信息，从而做出相应的反应的一种心理现象。俄国生理学家巴甫洛夫认为：暗示是人类最简化、最典型的条件反射。很多时候，我们去做某一件事时经常会受到外界因素的干扰，也许这些因素并不是刻意的，却经常能够影响到你。

关于自我暗示，心理学家做过专门的"疼痛实验"。

美国的一位心理学家招募了几名志愿者，他在这些志愿者身上制造出疼痛感，之后又使用麻醉药帮助他们缓解疼痛。一连持续几天之后，到了实验的最后阶段，他用生理盐水替代了麻醉药，奇怪的是，仍然有一些志愿者坚信自己的疼痛得到了有效的缓解。

后来，意大利的一位学者把这个实验升级了，他在连续做了几天实验之后，给志愿者换上了抑制麻醉药的药物，也就是说，这种药物非但不能起到缓解疼痛的效果，反而会带来更多的疼痛。在没有把这个情况告诉实验者之前，对方都说疼痛得到了缓解，可一旦他将这一情况告知对方，对方会立刻感觉到疼痛。

这两次实验的过程，被试者都以为工作人员给他们注射的是缓解疼痛的药物，所以他们果真就觉得不痛了。可一旦工作人员告诉他们，这些药物不能缓解疼痛时，他们就会立即感觉到疼痛。在这个过程中，被试者产生了心理暗示，正是这种心理暗示接触了他们身上的疼痛。

可见，心理暗示可以对人的心理和行为带来巨大的影响。

在职场当中，我们也经常会遇到这样的问题。当我们面临一件十分困难的事情时，心里可能会打战，认为自己可能无法完成这样的工作，但是当我们下定决心、鼓足勇气去做时，不知不觉间，就会发现，问题很快就得到了解决。

这就是暗示效应在职场当中的作用。面对工作中的难题，我们可以通过心理暗示的方法来改变自己的心理和行为。当我们遭遇难题时，不妨也给自己打气：

"嗯，这个事情我做过，一定能做好，我能行。"

"上级既然把这么重要的任务给我，说明他还是相信我的、认可我的，我也不能辜负他的信任，因为我一定有这个能力。"

"别人都能做好，我又不比别人差，所以我也一定可以的。"

这些话虽然只是简简单单的几个字，但是对人的心理肯定会产生一定的效果。心理学上称之为"鼓励法"。也就是说，我们不但可以鼓励别人让他们做好某件事，也可以让自己获得自己的鼓励。

当然，心理暗示并非万金油。它其实也存在着一些弊端，比如说，过强的心理暗示就可能导致一个人的盲目自信和自大，弄不清楚现实和理想的差距。所以，我们必须让心理暗示朝一个正确积极的方向走，只有这样，我们才能够将自己的行为引向正途。

我们在做一件事的时候，最难的不是做它的过程，而是鼓起勇气开始。所以，当我们决定时，就给自己好的心理暗示：相信自己，一定能做成！

潜意识作用下的自我实现

心理学里，有一条定理叫"基利定理"。它的解释是这样的：一个人若是想干出一番惊人的业绩，一定要具有面对失败坦然自如的积极态度。千万不可一遭受到挫折便把自己彻底否定了。其实，这条定理说明了这样一个道理：有时候，一个人能不能成功，看的并不是智商，而是看我们在挫折面前的承受能力。实验证明，那些更能自我开解的人，才更能把事情坚持做下去。这个时代的很多事业，大多都是长跑，在征途不停自我鼓励，比努力更重要。我们每个人都要有会说"我可以更出色"的能力。否则，你永远都会与成功无缘。基利定理被无数成功人士推崇，这其中就包括世界第一CEO韦尔奇。

20世纪60年代中期，韦尔奇还只是美国通用电气公司的一位年轻工程师。年轻气盛的他虽然有很多想法，也有自己的追求，但在现实中，他的梦想却遭受了很大的考验。

有一次，韦尔奇踌躇满志，正准备大干一场的时候，一件不幸的事情发生了：实验的研究设备由于莫名其妙的原因，突然发生爆炸，三千多万美元的实验设备连同厂房瞬间化为灰烬。

因为这场突如其来的灾难和变故，韦尔奇的精神也面临崩溃。在面对总部派来调查事故原因的高级官员时，他觉得自己这辈子都不可能再翻身了。

可令他没有想到的是，这位官员对韦尔奇提出的第一个问题是："我们从这次实验中得到了什么没有？"

韦尔奇先是一惊，然后苦涩地回答道："这证明了我们这个实验走不通。"

调查官员说：这就好，数千万美元虽然是个大数目，但庆幸的是我们并非一无所得，那才是最可怕的。"

一场惊天动地的"重大事故"就这样解决了。这件事情给了韦尔奇很多启发——任何悲观的事情里，都能找到积极的部分。不要被挫折伤害得一蹶不振。后来他凭借着自己的努力，他带领通用电气公司实现了二十年的高速发展。

的确，失败会给一个人带来经济上的损失和精神上的巨大的痛苦。没人喜欢失败。但有的时候，失败就像是霉运一样，你越逃避，它就越猖狂。没有人能够保证自己一生都不会遭受一次失败。如果失败是在所难免的，那我们面临失败的态度，决定了我们最终能够从失败中获得什么。

其实，很多时候，人们恐惧失败并不是因为失败本身，而是从潜意识里担心失败带来什么样的严重后果。著名生理学家巴甫洛夫做了一个关于条件反射的实验，当我们在看到别人遭受失败后的状态时，我们对失败也会产生"条件反射"，恐惧失败，畏惧失败。以至于畏首畏尾，止步不前。

积极的心理暗示，是促成一个人把事情做成的重要因素之一。

这种潜意识里的暗示，给了我们一次次尝试和努力往下进行的基础。曾经有一个妈妈告诉我，不管在什么情况下，她总会给她的孩子正向反馈，因此她的孩子会一直有干劲。

反观每年毕业季，新闻报道上总会出现这样一个名词——校漂族。所谓校漂族，是指那些已经毕业了，但没有找到工作，仍然居住在学校里或在学校附近的应届大学毕业生。

为什么会出现校漂族。上海某大学的 2014 届本科毕业生小力在接受采访时说："我并非对社会存在恐惧，也不是没有去找工作，只是我遭到的拒绝太多了，我不想再被拒绝了。"

不想再被拒绝，其实这就是对失败的恐惧。被拒绝了一次，毕业生们就觉得自己又失败了一次，自己又成了一名失业者，所以，持消极态度的人干脆就不再出去找工作，继续做一个不伦不类的"学生"了。

这些校漂族对失败的恐惧由此可见一斑。

其实，失败只不过是一种状态，它与成功一样，都是对我们努力的一种反映。而实际上，失败是现有语境当中人们对"没有做成一件事"的评价，也就是说，失败只是没有达到我们的某个目标，其影响不会太大。

在人生途中，假使我们因为害怕失败而不去做某件事情，我们首先会失去一次非常好的成功机会；同时我们也会失去一次很好的锻炼自己的机会。

对于一个人而言，失败带来的后果也远非我们想象中那么恐怖。上级分摊下来的一个任务，如果我们不做，那么自然会有别人去做，那么这个机会就悄悄溜走了，但是如果我们主动接手，就算我们失败了，无非就说明一个问题——以我现在的状态还不能解决这个问题。

所以，当我们面对可能的失败时一定要做到两点：

第一，勇敢抓住机遇。职场上最可怕的不是失败，而是连失败的资格都没有。

第二，付出所有的努力。尽力而为，就算是失败了，也不过是一次历练，无伤大雅。

戒除对失败的恐惧心，关键就是去认识失败，认识了失败，我们才能正视失败，也能够离成功更近一些了。

"我是一个聪明的人。"

"我是最棒的。"

"我肯定能出色地完成这份工作。"

日常生活和工作当中，你有没有经常这样鼓励自己？据说，伟大的喜剧演员卓别林在每天早上都会对着镜子中的自己说："你很棒，你一定行的！"而我们中又有多少人，每天给予自己这样的鼓励呢？

积极情绪对于人的作用是不言而喻的，无论这鼓励是来自自己还是他人，都能够使得受用者产生强大的自信心和行动力。心理学的"自我实现预言"非常能说明这一点。

自我实现预言，是指我们对待他人的方式会影响到他们的行为，并最终影响他们对自己的评价。也就是说，当我们给予别人肯定和鼓励时，会影响到他们对自己的评价。我们不停地肯定另一个人的能干和实力时，他对自己的评价也会更多地往积极的一面靠拢。

这一理论最著名的实验出自心理学家杰克布森在 1968 年的一次尝试。

首先，他们给一个中学的所有学生做一个 IQ 测试，然后将"虚假的答案"告诉学生的老师，他说其中一些成绩不足的学生的智商非常高，并把这一消息也透露给了这些学生。他还特地告诉他们，这些高智商的学生在未来的学习中会实现飞跃式的进步。

但事实上，杰克布森只是给他们做了一个简单的实验，并没有真正去测试他们的智商。但随后的实验结果却是惊人的，那些被老师认为"高智商"的学生在以后的学习当中果然实现了突飞猛进。

后来，杰克布森得出结论：1. 老师的期望值在不知不觉当中给了这些学生鼓励，使得他们投入了更多的感情和精力到学习当中来；2. 对于"高智商"的老师，学生也在不知不觉中给予了更多的反馈，帮助了这些学生成长。

这是自我实现预言给人带来的显著影响，它充分说明了，其实每个人都想让自己表现得更为出色，但他们只是缺乏调动自己积极性和热情的必要动力。鼓励和认同这种自我预言，正是起到了这样的作用。

这是他人评价对个体的影响，同样的道理，我们对待自己的评价也会影响到我们的行为，并最终影响我们对自己的评价。

德国专家斯普林格在其所著的《激励的神话》一书中写道："强烈的自我激励是成功的先决条件。"如果一个人能够时刻鼓励自己、暗示自己可以克服困难，解决麻烦，那么，他在克服困难和解决麻烦的过程中遇到的障碍一定会比一个怯懦、退缩的人要少。

有个青年常为失眠而烦恼万分。

一天晚上，他上床后辗转不眠，因为他恰好失业，债台高筑，按照他目前的经济状况，根本无力偿还。

伤心难过了大半夜，他忽然对自己提出了这样一个问题："为什么那么多人都能够轻松自如地工作、过日子，我却不能，这到底是为什么？"

想到这个问题后，年轻人开始回顾自己的工作历程。从学校毕业走入社会那一刻起，他觉得自己没有学习什么像样的技能，脑子也不是很灵活，情商也不高，所以找工作时畏畏缩缩，最后选择了一家普通公司里的普通岗位。在工作期间，他并不是没有机会，可是当公司每次需要人站出来的时候，他总觉得自己资历尚浅，没有能力解决。渐渐地，他沦为公司的边缘人物，存在与否对公司影响不大，最终，他被公司裁掉。

想到这些之后，他又对自己进行了深入的剖析，并得出一个结论：我和大部分人都是一样的，他们也只是普通人，他们有的我都有，我缺少的也是他们所缺少的，但是他们中有人做得比我好，这其中一定有原因。

到了后半夜，他终于想明白，自己缺的并不是什么技能、智商、情商，而是一种"我能行"的信念。

经过彻夜思考之后，他重新认识了自己，给自己定下了一个规矩：每天出门前对自己说三声"我能行"，解决了任何麻烦哪怕是打扫完卫生都要对自己说一句"我真棒"。

这种自我鼓励的生活方式被他很好地保持了一年，一年后奇迹发生了，他重新找到了一份非常不错的工作，并在不到一年的时间内当上了总经理助理。他不但改变了自己的经济状况，还彻底改变了自己的精神状态——他变成了一个自信满满的人。

这便是自我鼓励的巨大作用，当我们每天沉溺在失败的痛苦和失误的懊恼当中时，很多人都渴望得到他人的安慰和鼓励，殊不知，在人生道路上，自己才是自己最好的心灵导师。我们对自己的鼓励有时甚至会比他人的鼓励更有作用，因为一个人只有彻底劝服了自己，才能够无坚不摧。

那些自我鼓励，如同一口新鲜空气，可以让人瞬间焕发活力，产生巨大的行动力，只要你愿意，我们就可以培养我们面对困难时的钝感力，可以通过不停地自我充实，努力让自己变成一个充满自信和活力的人。

第三章

暗示魔法：我能自信起来

在这个世界上，在我们人类的生活环境里，潜藏着一种特殊而又神奇的力量。有的人能借助这一力量而一举成功，有的人却因与之失之交臂而一生无为，这一神奇的力量就是暗示。暗示是激发个人潜能的魔法力量，也是打破自卑心态的最佳武器。

自我暗示的巨大价值

从古至今的许多先哲、伟人、思想家一再告诫年轻人意志、勇气和信心对人生所起的重要作用，也有许多杰出人物经历无数坎坷和长期磨难而终于铸就出了自己的坚定不移的信心、勇气和意志。但他们却没有想到，在现代社会里，一个人只要经过两三年的自觉的有意识的修炼，就能唤醒心中的巨人，走向成功之路，这就是成功心理学的卓越贡献，这就是心理上的积极的自我暗示。

自我暗示的魔力是在 20 世纪初由一位名叫古尔的法国药剂师发现的。有一天，他在卖药时遇到一位没有处方的顾客，这位顾客一直缠着他要买一种药，这位药剂师无奈之下为了打发他走，就给了他几粒没有药性的糖衣片，并对该药的效力大大鼓吹了一番，终于把这位顾客打发走了。几天后，这位顾客又找到这位药剂师，深表感谢，说他推荐的药治好了自己的顽症。

这可把古尔弄糊涂了，按说糖衣片无法治愈这个人的疾病，但事实上，他又因为吃了这种"药"而痊愈。到底是什么治好了他的病呢？唯一合理的解释就是病人心理上的病是心理因素起了作用。客人本来就相信这种药的效力，再加上古尔的一番吹嘘，糖衣片便起到了灵丹妙药的作用。这就是心理暗示的魔力。

由此，古尔对心理治疗产生了极大的兴趣，他开始钻研心理学，并向专家求教，经过几年努力，创立了一个以自我暗示为主的心理治疗学派。

古尔的学说流传很广，影响很大。在心理学方面，自我暗示一直都占有重要的地位。富生特的《富豪的心理》一书中说："很多人因为古尔的方程式过于简单而怀疑它的可行性——千万不要这样……我研究过的富人虽然未必明显地采纳这一方程式，但实际上每当他们面对困难或新局面的时候，都会不自觉地运用类似的自我暗示去帮助自己闯难关、攀高峰。"

心理上的自我暗示果真具有魔力吗？心理医生喻华锋讲过这样一件事：

某报社的一位编辑来找我看病，自述一个多月来中午失眠，要求开一些帮助睡眠的药物。

这可把我难住了。凡是安眠药一般都有四五个小时以上的药效，若中午服用，下午怎么能按时起床照常工作呢？但不管我怎么解释都无济于事，他还是一个劲儿地请我开安眠药。我只好一本正经地对他说："好吧，我给你开药，但药不多，先开几片，你要准时服药。服药后十多分钟，你就开始出现昏昏欲睡的感觉。这时你上床躺好，就入睡了，两个小时后就可以醒过来。"我给他开了一周的药。

一周后他又来找我，要我继续给他开这种药，他说："我服药后睡得挺香。"这可把我逗乐了。因为我给他开的是维生素 B_1，根本没有催眠作用。我老老实实告诉他实情，但他就是不相信，还认为我是舍不得将这种"好药"开给他。我只好又给他开了一周的"安眠药"……

还有一个笑话，这是许多医学院学生都知道的。有几个人商量好要捉弄一下某个伙伴。他们每个人在碰到他时都发问：为什么你的脸色这样难看，这样苍白，一副生病的样子？小伙子起先毫无介意地答道：我很健康，什么事也没有。但是，当第十个人这样问他时，他便受不住了。他脸色苍白，心里怕得要命。人家再一问，他便说自己确实感到不舒服，要赶快回家去。开这样的玩笑当然不应该，不过它直观而令人信服地显示出了人们语言暗示的作用。

这些语言暗示，诱导和促使病人主观的感觉和意念转向了积极或消极想象的一面，从而引起人生理上的变化。这就是心理暗示魔力。

积极暗示的魔力

有些人只看到别人的命运时来运转，突然改变，却没去注意和了解改变自我意识和自我暗示所起的魔力。所以很多人把它归于机遇。

机遇是在人际交往和信息交流中获得的机会，用哲学语言来说，它是某种偶然性反映了事物的某种变化和联系。这种偶然性是客观存在的，似乎是可遇而不可求的。创新灵感、爱情姻缘、商业冒险等等，确实和某种偶然性的促进大有关系。

比如，前面谈到的杰克，如果没有那家肥皂公司拍卖出售和承包商在关键时刻借给他1万美元等机遇，他后来怎么会发财致富呢？可是，我们不要忘记，这些偶然性的机遇并不是专为杰克一个人而准备的。

别人也可以打定主意买下那家公司，别人也可以去找承包商借钱。

别人为什么不去呢？因为对个人来说，机遇是从无意知觉转化为有意知觉的过程。别人没有创造财富的梦想和坚信自己能够致富的信念，而唯有杰克自信主动、敢于决断和冒险，又能坚持不懈地努力争取，因而，他才发现并抓住了别人无意知觉的机遇。

显然，成功的根本原因不是机遇，而是一个人能够发现和争取机遇的自信意识和积极心态。如果你要像杰克那样发家致富，或是想在化学方面发现一种新元素，或想创作一支动人的歌曲，或想设计一种最新最美的时装，或想培养你的孩子成才，其决定因素和主要法宝就是要有抓住机遇的积极心态和果敢精神，也就是一定要有能够经常进行积极自我暗示的自我意识。

正是坚持积极的心理暗示的自我意识，把一个人的梦想、渴望、价值观念、奋斗目标深深地刻在潜意识中，并主动地采取行动、付出代价，向着自己期望的目标一步步迈进，走向了成功！

爱迪生就是借助于这个方法，使自己从一个被开除的小学生、卖报生，变成世界上最伟大的发明家。

林肯也是借助于这一方法，跨越了一道道挫折与失败的鸿沟，使自己从肯塔基山区一栋小木屋走向社会，最后成为最优秀的美国总统之一。

罗斯福和丘吉尔更是借助于同样的方法，使自己成为最有成就的国家首脑之一。

更值得我们深思的是，戴尔·卡耐基本是一个出身贫苦家庭、曾经深感自卑的农民子弟，但他改变了自我意识，使自己从一个缺乏自信、不善言谈的"卑贱者"，成为一个以毕生精力培养人们的自信心和口才与交际能力的成绩卓著的成人教育家。

其实，在现实生活中，就在我们的身边和眼前，那些依靠自己的辛勤劳动而发财致富、有所创造或在某一领域领先开拓、出头冒尖的成功者，有哪一人不是依靠自我心态的开放、自我意识的改变，把梦想变成了现实的呢？

懦弱平庸的人总是叹息自己没有机遇，总是等待特别的机遇。其实，生活中到处都有机遇。学校的每一门课程、社会上的每一次活动、报刊上的每一篇文章、人际的每一次交往、尝试中的每一次成败、生活中的每一次转折、工作上的每一次洽谈等，全都可能给你带来新的感受、新的信息、新的朋友，全都可能对你是一次测试、一次选择、一次机会。问题在于你的意识和心态、你的观念和追求是否积极，你是否能发现和抓住每一次机会。

对每个人来说，机遇和条件虽然有所不同，但没有一个人在一生中一次机遇也不降临到他头上。然而，当运气发现你并不准备接待它的时候，它就会悄悄地溜走。

相信自己能赢，就一定能赢。这种预言的自我实现效应，不是坐等空想机遇的青睐，也不是唯心主义和唯意志论，而是通过心理上的积极的自我暗示，去做那些自我想做而又怕做的事情……也就是通过在心理上塑造新的成功的自我，以扎实的努力去争取自我实现的过程。这是人生的科学，成功的规律，其精髓就在于通过坚持积极的自我暗示，重塑新的自我。

有一句话值得牢记：把一个人当作什么，他就会是什么。同样，一个人把自己当作什么人，他就会成为什么样的人，至少会比较接近那种人。这不是唯心的梦呓，而是实在的规律，是自我暗示的魔力所致。这就是心理学上所说的"预言的自我实现效应"。

人的本性就是追求目标，实现心愿。不论你的愿望是什么，只要你目标明确地想干成什么事，想成为什么样的人，你的大脑和神经系统就会源源不断地为你提供所需要的信息，驱使你自觉地甚至是无意识地向着追求目标、实现愿望的方向运动。所以我们可以相信，坚持心理上的积极的自我暗示，就会使自己变得自信主动，有生气、有活力、有创造性，最终达到自我实现的目标。

科学研究表明，人的大脑与神经系统具有类似电脑一般惊人的能力。它不仅能储存大量的信息，而且几乎可以一模一样地再现这些信息。消极的信息刺激会使控制思想冲动和感情色彩的大脑皮层下的神经中枢不再促使智慧和热情迸发、交流，反倒把智慧和热情禁锢起来，使人感到抑郁、紧张和焦躁不安。而接受积极的信息刺激，包括回忆和想象美好的事物和美好的形象，就会使自己的思想感情活跃、开放，具有应变力和创造力。

日本东京的创新能力研究所曾做过一个实验：将200人分成智力相当的两组，规定一组人只回忆愉快、得意的经历，而另一组则相反，尽想一些倒霉的事情，然后让两组人做同一种测试题。结果表明，前者的记忆力、理解力和表达力大大高于后者。

常言道："一事成功，万事如意。"指的就是成功的记忆会成为固有的贮存信息，激发一个人努力开发潜能，去争取更大的成功。那么，对于一个总是经历挫折与失败，或总是感到自卑的人，是否意味着无从吸取以往成功的经验，接受美好的信息刺激，而只能自卑、悲叹自己沦于失败的境地呢？回答是否定的，因为一个人可以通过自我暗示改变自己的心态。

荷兰哲学家斯宾诺莎说："人的自卑心理来源于心理上的一种消极的自我暗示。"如当众演讲，你总觉得自己不行，害怕出丑叫人笑话，担心损害了自我形象，这就是心理上的消极的自我暗示。这种消极的自我暗示只会引起并加重胆怯和紧张的心理反应，使自己卷入一种螺旋般的加速的惧怕反应之中。如果你认为自己能行，敢于并乐于当众自我表现，那你就会振奋精神，集中起注意力，去应付不寻常的挑战，经由这样积极的自我暗示，你改变了自我意识，也就改变了自己。

在这方面，富兰克林·罗斯福夫妇就是典型的例证。

富兰克林·罗斯福总统的夫人埃利诺是美国有史以来最受欢迎的第一夫人。在罗斯福 1921 年因病致残后，她对政治活动日趋积极。丈夫的耳目未能顾及的方面，多亏了她的照顾。对当时的美国人来说，没有人不知道埃利诺的名字。她所做的努力增加了罗斯福的威望，增添了总统的开明和进步的色彩。

作为总统夫人如此杰出，似乎也不足为奇。但埃利诺在少女时代是一个自卑、胆怯的"丑小鸭"。就拿交际风度来说吧，她由于对自己的长相不满意而深感苦恼，与人交际过于拘谨。为了克服这种自卑感和羞怯感，她在阅读大量的文学名著、名人传记的过程中，精心揣摩书中那些贵妇名媛的神情姿态、举止气度。每当参加舞会或社交的场合，每当走进一个有陌生人聚集的场所，她都想象自己是一个光彩照人的女士，正朝着她的臣民走去……

这种积极的自我暗示使她从自卑的深渊中解脱出来，以自己优雅的风度和机敏的智慧在社交场上独具魅力，赢得了当时最受女孩子青睐的英俊青年富兰克林·罗斯福的爱情，并为她后来塑造最美好的第一夫人的形象打下了基础。

也许罗斯福本人的经历比他的夫人更能说明问题。毫无疑问，罗斯福是美国历史上最杰出的总统之一，他曾被誉为"美国的勇气的象征"，可见他是多么自信、勇敢和坚强。然而，谁会想到，他的勇敢无畏竟是通过有意识地硬着头皮假装勇敢而修炼出来的呢？罗斯福自己说：我曾经是一个病病歪歪而又笨拙胆小的孩子。年轻时，我害怕的事情真多，遇事很紧张，而且对自己的才能也没有信心……

有一次，我在英国作家马利埃特的一本小说里读到一段话，印象深刻，很受启发。书中有个舰长向主人公解释如何才能气宇轩昂，无所畏惧。他说，起初临到要有所行动时，人人都是害怕的。不过勇敢的人所依据的法则是控制自己，使自己表现得好像毫不害怕，非常勇敢。这样持之以恒，原先的假装就会变成事实。这便是我据以训练自己的理论，渐渐地，我什么都不害怕了。人们若是愿意，也能和我一样。

所谓自我控制，持久假装，不正是以积极的自我暗示再塑新我吗？

一个人自我暗示自我形象美好就会变得美好吗？一个时常想象自己能成功的人就果真能走向成功吗？事实的确如此，改变了自我意识，梦想就会成真，这是成功心理学所揭示的一个极重要的奥秘。这是什么道理呢？

国外的有关专家经过多年的探索发现，人的大脑和神经系统对"真正的成功"与"想象的成功"没有分辨力。

假如你能通过自我暗示，即能在想象中对你所要做的事情和所希望的结果构成一幅鲜明清晰的"心理图像"，"看到"自己扮演成功的角色，依照你所希望的那样去感受，去行动，并且不断地给自己展现这幅想象的画面添加一些枝叶细节，反复体味。等到你的"心理图像"经过多次重复而变得十分清晰、越来越"真实"的时候，相应的感觉就会油然而生，就像"事实上已经成功了"所产生的效果一样。

这时候，你的大脑内部和神经系统也会随之变化，大脑皮质将刻下新的"记忆痕迹"和"神经中枢"模式，它将激发你的潜意识中全部的能量，使你以最开朗爽快的心情，以最佳的精神状态，去选择和从事你所喜欢的事情，投身到人生的拼搏之中。这样，你就与你的"心理图像"越来越接近，从而塑造出一个新的自我。

人生的暗示高度

一个人是不是能成功，就看他自我暗示的态度了！成功人士与失败者之间的差别是：成功人士始终用最积极的自我暗示、最乐观的精神和最辉煌的经验支配和控制自己的人生；失败者刚好相反，他们的人生是受过去的种种失败与疑虑所引导和支配的。

有些人总喜欢说，他们现在的境况无法改变。环境决定了他们的人生位置。但是，我们的境况不是周围环境造成的。说到底，如何看待人生，由我们自己决定。二战时期纳粹集中营的一位幸存者维克托·弗兰克尔说过："在任何特定的环境中，人们还有一种最后的自由，就是选择自我暗示的态度。"

马尔比·D.巴布科克说："最常见也是代价最高昂的一个错误，是认为成功有赖于某种天赋，某种魔力，某些我们不具备的东西。"可是成功的要素其实掌握在我们自己的手中，成功是正确暗示的结果。一个人能飞多高，并非由人的其他因素，而是由他的自我暗示所制约的。

从某种角度来说，自我暗示在很大程度上决定了我们人生的成败：

第一，我们怎样对待生活，生活就怎样对待我们。

第二，我们怎样对待别人，别人就怎样对待我们。

第三，我们在一项任务刚开始时的态度决定了最后有多大的成功，这比任何其他因素都重要。

人的地位有多高，成就有多大，有时会取决于支配他的自我暗示。消极暗示的结果，最容易形成被消极环境束缚的人。

这是因为一个人在生活中老是寻找消极东西的话，就会成为一种难以克服的习惯。这时候，即使出现好机会，他也会看不到，抓不着。他会把每种情况都看作一个障碍接着一个障碍。

障碍与机会之间有什么差别呢？主要在于人们对待事物的态度。亚伯拉罕·林肯是美国历史上最伟大的总统之一，他说过："成功是屡遭挫折而热情不减。"正确的做法是，给自己正确积极的暗示，决不接受消极的东西。积极思维的习惯养成之后，人们就比较容易在关键时刻做出明确的决定。

俗话说：物以类聚，人以群分。常在一块儿的人则互相影响，逐渐靠拢而变成一个样。

人们大概已经注意到，结婚多年的夫妇行为习惯会逐渐变得一样，甚至连外貌也相似。而思维方式的同化是最明显不过的。跟消极暗示者相处得久了，你就会受他的影响，变得也消极起来。接触消极暗示就像接触到原子辐射一样，如果辐射剂量小，时间短，那么问题倒还不大，但持续辐射就要命了。

你大概跟事事悲观的人接触过，他们把人生看成一片黑暗，大难临头，这些人的座右铭就跟墨菲定律一样：任何事情都看似容易，实质很难；任何事情所费时间都比你预期的要多；任何事情都会出差错，而且是在最坏的时刻出差错。

与此相反，我们应该用麦克斯韦尔定律看待人生：任何事情都看似很难，实质不难；任何事情都比你预期的更令人满意；任何事情都能办好，而且是在最佳的时刻办好。

信奉墨菲定律的人所接受的实际上是消极暗示，在他们的人生哲学之中最坏的一面是，消极暗示使他们从错误的角度看问题，阻止他们为成功而付出努力；而成功人士总是从最佳的角度看待问题，寻找机会，做出判断。

看不到将来的希望，就激发不出现在的动力。消极暗示摧毁人们的信心，使希望泯灭。它慢慢地使人意志消沉，最终失去任何动力。

一个人的行为方式不可能永远与他的自我判断评估相脱节，消极暗示者不但想到外部世界最坏的一面，而且想到自己最坏的一面。他们不敢企求，所以往往收获得更少。遇到一个新观念，他们的反应往往是：

"这是行不通的，从前没有这么干过。

没有这主意不也过得很好吗？

这风险冒不得，现在条件还不成熟，这并非我们的责任。"

所罗门国王据说是历史上最明智的统治者。他说："他怎样思量，他的为人就是怎样。"

换句话说，人们相信会有什么结果，就可能有什么结果。人不可能取得他自己并不追求的成就。人不相信他能达到的成就，他便不会去争取。当一个消极暗示者对自己不抱很大期望时，他就会给自己取得成功的能力嘭的一声封了顶。他成了自己的潜能的最大障碍。

在人生的整个航程中，消极暗示者一路上都在晕船。无论目前的境况如何，他们对将来总是感到失望，没有信心。许多人信奉的是索姆定律："心是事情看好的时候，你肯定疏忽了某些东西。"

在消极暗示者眼中，玻璃杯永远不是半满的，而是半空的。他们预期得到人生中最糟糕的东西——而且确实会得到。这些人如同一个年轻的登山者，那时他正在跟一个经验丰富的向导在白雪覆盖的高山上攀登。一天清晨，这位年轻的登山者忽然被一阵巨大的爆裂声惊醒，他以为是世界末日了。这时，老练的向导告诉他："你听到的不过是冰块在阳光下碎裂的声音。这不是世界末日，而是新的一天的开始。"

如果我们想把人生尽情发挥，展现我们的潜能，享受成功的人生，我们就必须在任何环境中都乐观积极。

暗示是激发潜能的利器

让我们先看以下两个报道。

报道之一：有一位少妇因车祸导致脑损伤，昏迷了三个月，不少医生认为，她成了一个植物人。但神经外科主任想做最后一次努力，便每天播放几次病人 2 岁女儿的哭声和对妈妈的呼唤。一周后，奇迹出现了，这位少妇从昏迷中苏醒，并逐渐恢复了健康。

报道之二：国外有个囚犯被判处了死刑，并告知他将被以放尽血液的方式处死。当行刑时，死囚被带到一间隔音的房间里，捆绑在床上，蒙上眼睛，有人用针头刺入他的手臂（不刺入血管），然后开动床下的滴水器，让他听到"滴答、滴答"的滴"血"声，使他自以为是自己的血液在一滴滴地流出。10小时后，死囚的心脏停止了跳动。

以上均为暗示的结果，也可谓生命的奇迹。前者由于女儿呼唤声的暗示而产生了强烈的生的欲望；后者由于恐惧而导致肾上腺急剧分泌，心血管发生障碍，心功能坏死而导致死亡。暗示对一个人的事业、婚姻、健康等均有控制性的影响。

一个人若进行积极的自我暗示并开发自己的巨大潜能，就会具有超群的智慧和强大的精神力量。只有这样，才会获得成功。

在这个世界上，我们要学会不依靠别人，因为一个总是靠别人扶持的人是不可能获得成功的。你唯一可以依靠的就是你自己。

自信意识、成功心理就是要我们靠自己！就像天上不会掉馅饼一样，也不会有人端着盘子把幸运和成功送给我们任何一个人。如果人生交给我们一道难题要求解答，那么它也会同时交给我们解决这道难题的智慧和能力。但这种智慧和能力总是潜藏在我们的生命里，只有当我们暗示自己努力奋斗，自己救自己，它们才会聚集起来，发挥作用。即便你自身条件多么不好，身世多么不幸，但只要你有积极的心理态度，你就能成为一个有用的人和成功者，你就能交上好运，获得成功！

我们来看一位聋哑人是怎么走向成功的。

如果一家世界著名的飞机制造公司雇用一位女盲人来设计飞机发动机，你会认为这简直是荒诞离奇，但这是真实的事情。

　　22 岁的英籍华人谢云霞，从儿时起眼睛就几乎完全失明了，可事实上，她竟是罗尔斯－罗伊斯公司的一位工程师。她每天坐在计算机终端旁，手握光标定位器，注视着电脑屏幕上呈现的放大了的文字。她的脸几乎要贴到屏幕上，因为她的视力极其微弱，而且主要集中在右眼上。她身边放着一些必不可少的辅助设备，这些设备能把发动机在不同飞行条件下的温度、程度和压力等数据放大。而她能准确无误地掌握这一切，她了解技术发展的最新情况，这就是说，几乎没有什么东西能妨碍这位瘦小、腼腆而又思维敏捷、才华出众的盲姑娘成为一位工作出色、一丝不苟的优秀工程师。她因其卓越的成绩而荣获威尔士亲王查尔斯颁发的特别奖。

　　盲姑娘终于成了出色的工程师，曾被劝退学的人却能改变命运、出类拔萃……这些完全真实的故事说明了人人都有巨大的潜能，人人都能走向成功。海伦·凯勒说得好："当你感受到生活中有一股力量驱使你飞翔时，你是绝不应该爬行的！"张海迪也鼓舞人们："只要你抬起头来，新的生活就在前头！"

　　一个人如果要成功只能靠自己，靠自己什么呢？若要靠出身显贵、条件优越、智能超常、机遇幸运、环境如意等所谓有利因素，那是靠不住的，甚至连身强力壮、时间充裕、被人理解和支持这些十分必要的条件也是靠不住的。那么，靠自己究竟靠什么？只能靠自我暗示，发展积极的心理态度，只能靠认定自己就是一座金矿，认定自己是一个可以挖掘出无价之宝的宝藏。那么，最后你就一定能够获得成功。

同时，一个人一旦认识到自己的潜能和优势，就不会只是羡慕别人，总是感到自己不如别人了。因而，我们可以把不再羡慕别人看作是重新认识自我和依靠自己奋斗的一个标志。

一个人在自己生活经历中，在自己所处的社会境遇中，如何认识自我，如何描绘自我形象，也就是你认为自己是个什么样的人，你期望自己成为什么样的人。这是一个至关重要的人生课题，将在很大程度上决定自己的命运。成功心理学的核心观点就是人人都有巨大的潜能，人人都可以取得成功！

总之，潜意识就像一块肥沃的土地，如果不在上面播下积极的自我暗示的良种，就会野草丛生，一片荒芜。当你初步领会了成功心理的道理时，你便会有一种自信，主动改变自己的愿望，但这时候，你的潜意识并没有一下子改变，那么你的选择和行为依然还是消极的，或者是浅尝辄止，顾此失彼的，难以达到预期的效果。在这种情况下，唯有以高度的自觉和顽强的意志坚持心理上积极的自我暗示，才会突破难关，开创新局面，从而显示出积极的自我暗示具有重塑新我的魔力。

因而，坚持心理上积极的自我暗示，对于树立成功心理的基本原则具有以下重大的意义：

第一，通过心理暗示的作用，把树立成功心理、发展积极心态这个总原则变成了可以具体操作的方式和手段。就是说，转变意识、发展积极心态，就要从心理上的自我暗示做起。

第二，心理暗示是人的自我意识中"有意识"和潜意识之间的沟通媒介。人的思想行为不可能一切都要有意识地选择和控制，通过经常持久的积极暗示，让自信主动的电流与潜意识接通，这才是真正的具有巨大魔力的自我意识。

第三，由于心理暗示的内容是具体的、实际的，所以坚持积极的自我意识也就必然要选择确立自己的目标，而且主要的目标将渗透在潜意识中，作为一种模型或蓝图支配你的生活和工作。

第四，通过心理暗示这一具体实际、可以操作的环节，我们能把内容复杂的成功心理学融会贯通，化作简单明确而又坚定不移的信心和意志，并且可以立刻行动。正因为心理暗示能够直接支配和影响你的行动，所以，"自我意识决定你有无发展、能否成功"这句话就变得更加实在了。

实现不可能的事

先来看看一位不同寻常的父亲的不寻常经历：我第一次看见他，是在他呱呱坠地几分钟之后。他来到这个世界上，头两侧没有带着耳朵。医生说这孩子可能是聋哑儿。

我对医生的意见表示不服。我有这样做的权利，因为我是这孩子的父亲。我当时做了一个决定，并且产生了一个想法。

在我自己的心中，我相信我的儿子既会听得见也能说得出。如何才能办得到呢？我确信必定有一种办法，而且我知道我会找到这种办法。我想起爱默生所说的话：

"伟大的自然之道，在教导我们有信心。我们只需要顺从就行了，这样我们每个人都会得到指引。只要谦恭地倾听，我们便会听见正确的信息。"

正确的信息——欲望？对，就是它！我的儿子不会聋哑，这是我最大的欲望。关于这个欲望，我从来没有过一秒钟的畏缩。

我该怎么办？我必须找到一种方法，将我炽烈的欲望移植到我儿子的心中，要找到一种不借助耳朵，而能将声音传达到他脑子里去的方法。

等到这孩子长大到可以和我合作时，我要将我的炽烈欲望传递给他，让自然之道用它自己的方法，将这个欲望转化为我心中的梦想。

我在心中暗示自己，但是我没有告诉任何人。每天我对自己重申一次这个保证，决不让我的儿子聋哑。

他渐渐长大了，开始注意到四周的环境，我们发现他有细微的听觉。当他长到了普通孩子学步的时候，他并无学说话的任何迹象，但是我们能从他的行动上看得出，他能稍微地听见声音。我深信，只要他能够听，即使很细微，他就能发展出更大的听力。接着发生一件事情，这件事带给了我希望。并且这件事的发生完全出乎我的意料。

我们买了一架留声机。当我的儿子第一次听见它发出的音乐时，他高兴万分，立刻占有了这架留声机。有一次，他把一张唱片放了又放，竟达两小时之久。他站在留声机的面前，用牙齿咬着留声机外壳的边缘。这种习惯是他自己养成的，我们并不了解它有什么意义。直到许多年后我们才明白这种习惯的意义，因为当时我们还没有听说过"骨头传音"的原理。

他占有留声机后不久，我发现，在我的嘴唇抵住他头盖骨下方的乳突骨讲话时，他便能清楚地听到我的声音。

断定他能清楚地听见我的声音之后，我立即开始将能听能说的欲望转移到他的心里。不久，我便发现这孩子临睡时爱听故事，所以我开始编出一些故事，旨在培养他的自信心、想象力，并能使他产生一种敏锐的欲望，渴望自己能够听，成为一个正常的人。

我每天都给他讲一个特殊的故事，我每次在讲时，都要加一点新的戏剧性的情节进去，以示强调。我编讲这个故事的目的，是要在他的心中培植出一种思想，使他能明白他的缺陷并不是一种负担。尽管我所阅读过的哲学书都明白地指出每种缺陷都带有相等利益的种子，但是我必须承认，如何使这一缺陷变成与正常人平等的资产，我当时还没有一条成熟的思路。

我总结了自己在教育孩子方面的经验，发现父母的爱心和鼓励与孩子的自信和乐观有着极大的关系。我告诉他，他比哥哥的处境更为有利，而这种有利反映在很多方面，例如，学校里的老师发觉他没有耳朵，因此他们会给他特别的关怀，会对他特别好。我还告诉他这样一个想法，当他长大可做报童时（他的哥哥已是一名报童），会比他的哥哥大为有利，因为人们看见他虽然没有耳朵，却是一个聪明勤快的孩子，在买他的报纸时会给他一些额外的小费。

大约长到 7 岁时，他第一次显示出成功的迹象，我们在他心灵上所下的功夫初显效果。

一连几个月，他总是在要求我们让他去卖报纸，但是他的母亲不肯答应，最后他决心自己来做这件事。有一天下午，当只有他与仆人留在家里时，他偷偷地从厨房的窗户爬出去，跳到地上，自己闯天下去了。他向街边的鞋匠借了6美分，投资在报纸上，卖出后再投资。他这样反复地买和卖，直到黄昏过后，他付清了借来的6美分，计算一下余额，还净得了42美分。那天晚上我们回家时，发现他已入睡，手里紧紧地捏着刚赚来的钱。

他母亲握着他的手，忍不住哭了起来。这是不应该的，做母亲的为了儿子生平的第一次胜利而哭起来是不应该的。我的反应恰好相反，我高兴得哈哈大笑，因为我知道我在孩子心中努力培植的信心，已经获得成功了。

关于这孩子的第一次买卖，他母亲所看到的，只是一个耳聋的孩子为了赚钱，跑到街上去冒生命的危险。我所见到的却是一个勇敢、有抱负、充满自信的小商人。他对自己的信心已经倍增，因为他自己主动去做起生意，并且成功了。这件事使我高兴，因为我借此已证明了他有足够的能力，能独立地度过他的一生。

这个耳聋的小男孩一级一级地上升，从小学、初中、高中到大学，他听不见老师的话，除非老师在他面前大声吼叫。他没有进入聋哑专门学校。我们不愿他学习手语。我们觉得他应当过正常人的生活，和正常的孩子交友。我们一直坚持这个决定，虽然因此与学校的老师发生过几次激烈的争辩。

他在读高中时，曾试过电子助听器，但是那对他没有什么帮助。

他在大学学习的最后一周发生了一件事，这件事也是他一生中最重要的转折点。在一个偶然的机会里，他得到了另外一台电子助听器，是别人送给他试用的。他不抱太大的希望，因为类似的东西曾使他失望。后来他拿起这个助听器，漫不经心地套在头上并把电池接上，啊，上帝！好像魔术似的，他一生所渴望的获得正常听觉的愿望，竟变成了事实！在他的一生当中，这是第一次他的听觉和任何正常的人几乎完全一样。

这个助听器改变了他的世界，大喜之下，他急忙跑到电话机前和母亲通话，而且完全听清了她的声音。第二天他清楚地听到讲课的教授们的声音，这是他生命中的第一次！生平第一次和他人自由交谈，而不需要他人大声讲话。真的，他的世界从此改变了。

欲望已开始获利了，但是全胜尚未来到。这孩子仍然需要去找到一种明确而实际的方法，把他的缺陷转变成相等的资产。

开始时，儿子并不十分理解此事的意义，但是他为刚刚发现的声音世界而陶醉、而快乐。因此，他写了一封信给助听器的制造商，很兴奋地叙述了他的体验。儿子的热烈情绪感动了这家公司，使得这家公司邀请他到纽约去。到纽约后，有人陪伴他参观整个工厂，主任工程师向他解说工厂里的一切。这时一种预感、一个念头，或一种灵感——你称它什么都可以——闪过他的心头。正是这个思想的冲动使他将自己的缺陷转化为资产，获得财富，并给千百万人带来快乐。

这一思想冲动的内容大概是这样的：他突然想起，如果他能找到一种方法，将他获得了新世界的故事讲给生活在得不到助听器帮助的几百万耳聋的人听见声音，也许能对他们有所帮助。

他用整整一个月的时间进行了全面的研究。在此期间，他分析了这家助听器制造商的整个市场推销制度，并设计了与全世界各地耳聋的人们的通信方法，目的是使他们分享他新近发现的美妙的世界。这件工作完成后，他依据自己的发现，草拟了一个两年计划。其后当他将计划向公司提出，立即获得了一份工作，使他能真正实现他的抱负。

当他前去工作时，他梦想着这会给千万耳聋的人们带来希望和帮助。

我心中非常明白，如果他母亲和我没有努力去塑造他的思想，那么我们的儿子布莱尔终其一生将只是个普通的聋哑者。

当我在他心里培植能听、能讲、能和正常人一样生活的欲望时，这一欲望给予他一种奇妙的影响力，这种影响力很自然地成为一座桥梁，沟通了他的头脑与外面世界之间那条寂然的无声的鸿沟。

诚然，要把炽烈的欲望变为现实，所经历的路程是十分曲折的。布莱尔的欲望是能获得正常听觉，现在他真的拥有了！

在他小时候，为了使他相信他的缺陷将成为一大笔资产，而且他可以利用这笔资产，我曾在他心中种植了一些"善意的谎言"，这个谎言现在已证明是正确的。这里有一个永恒的定理：信心加上炽烈的欲望，没有任何事情不会实现。这些东西是任何人都可以免费获得的。

我深信以信心支持欲望的这种力量，因为我曾见过这种力量使出身微贱的人爬到了财富的顶峰；我曾见过它使人起死回生；我曾见过它被人们当作几百次失败后东山再起的源泉；我曾见过它赐给我儿子以正常、愉快、成功的人生，虽然他来到世上时，造物主未曾给他听觉。

凭借内心深处所产生的奇异而不可测的强大力量，你会产生对"某些事物"的强烈欲望。在这种欲望的鼓励下，你决不要承认"不可能"这类字眼，也决不要把失败当作事实来接受。

任何"不可能"的事，在积极的自我暗示下，强烈的欲望会让命运低头，让造物主为之失色，这位顽强的父亲的所作所为正是这样精神的典范。

最简单的暗示：我能行

个人的自我暗示中蕴藏着一笔很大的财富，是一笔极大的资本。你在立身行事时，要不断地暗示自己一定会成功，会获得发展、进步。

自我暗示是人的心理活动中的意识思想的发生部分与潜意识的行动部分之间的沟通媒介。自我暗示给予人一种启示和提醒，它会告诉你应该注意什么、追求什么、致力于什么和怎样行动。可以这么说，自我暗示能支配、影响一个人的行为。这是每个人都拥有的一个看不见的法宝。

在生活中，我们每个人都时刻进行着自我暗示活动。自我暗示是一把双刃剑，它既可以使人产生积极的力量，也可以使人产生消极的力量。积极善意的心态，往往使人产生积极的暗示，积极的暗示使人产生战胜困难的勇气，给人不断进取的力量；反之，消极恶劣的心态，则会使他人受到消极暗示的影响，变得冷淡、泄气、退缩、萎靡不振等。

　　所以，我们一定要给予自己积极的暗示，避免消极的暗示。积极的自我暗示是对自己的肯定，是对某种事物的有力、积极的叙述，这是一种使我们正在想象的事物坚定和持久的表达方式。在工作或生活中，我们要多进行肯定的练习，这样能让我们开始用一些更积极的思想和概念来替代我们过去陈旧的、否定性的思维模式。这是一种突破自我、创造奇迹的技巧，一种能在短时间内改变我们对生活的态度和期望的技巧。

　　只要掌握了自我暗示的原则，不管是谁都可登上意想不到的成就高峰。有一首诗形象地描绘了自我暗示的力量：

　　如果你"认为"自己会败，你已败了。

　　如果你"认为"自己不敢，你就不敢。

　　如果你想赢却"认为"赢不了，几乎可以断定你与胜利无缘。

　　如果你"认为"自己会输，你已输了。

　　成功始于人之"意志"，一切决定于"心念"之间。不要忽视"心念"的力量。心念决定你的成败。如果你"认为"自己落后，你就需要拥有登高的"意念"，只有你相信自己能够登高，你才能获得成功。人生战役非总偏向力量较强或速度较快者，迟早证明胜利归于——"自认"会赢的勇者。

　　一个人要想取得成功，首先要有明确的目标。可往往好多人没有自己的目标，而自我暗示，可以帮助我们寻找适合的目标，并让我们在改变自己的同时，释放自己的潜能。

　　威廉·丹佛斯是布瑞纳公司的总经理，据说他小时候长得瘦小羸弱，而且志向不高，因为，每当他面对自己瘦小的身体，信心就完全丧失了，甚至心中还经常感到不安，直到有一天，他遇见了一位好老师，人生观才从此改变。

上课的第一天，老师便把威廉找来，对他说"威廉，我从你的自我介绍发现，你有一个错误的观念，你认为你很软弱，那么你就会变得越来越软弱，让老师告诉你，其实你是一个非常强壮的孩子。"小威廉听到老师这么一说，惊讶地回道："是吗？怎么可能呢？我怎么可能是强壮的孩子？"老师笑着说："当然是喽！来，你站到我面前，并听着老师的指示。"

"你看看你的站姿，从中就可以看出，在你心中只想着自己瘦小的一面，来，仔细听老师的话！从现在开始，你脑海里要想着我很强壮，接着做收腹、挺胸的动作，想象自己很强壮，也相信自己任何事都能做到，只要你真的去做，也鼓起勇气去行动，很快地你就会像个男子汉一样！"

当小威廉跟着老师的话做完一次，全身忽然间充满了力量。威廉到了八十多岁的高龄，依然活力十足，因为他一直遵行着老师的教诲，数十年来从未间断，每当人们遇到他时，他总是声音饱满地喊站直一点儿，要像个大丈夫一样。

这就是自我暗示的力量，它给予小威廉正面积极的意识，使他改变了自卑消极的想法，最终成为一个健康的人。自我暗示在改变自己的同时，可以更加了解自己，也对自己更具信心。就像故事里的小威廉，老师的引导唤起了他内在的勇气与活力，让他相信，只要挺直腰，世界就已经掌握在自己的手中。唯有相信自己的无限可能，你才能真正地超越自己，看见成功的未来。

人们常说，命运就掌握在自己手中，人何以能主宰自己的命运？最恰当的说明是人可以通过自我暗示的方法，向自己的潜意识心智传达命令，传达自己所希望成为什么样的人的命令，通过自我暗示的方法，你完全可以成为你自己所希望成为的样子，这是人对自己生命主宰的最恰当、最深刻的说明。

消极的自我暗示往往会误导一个人的判断，使人丧失对生活的信心，使人生活在幻觉当中不能自拔，并做出脱离实际的事情来。消极的自我暗示还可使人对外界事物的认知形成某种心理定式，为人处世偏听误信，凭直觉办事。

有这样一个关于心理暗示的实验，可以让我们看到心理暗示的强大力量。一个死刑犯将要被执行死刑，执行人员对他说："我们想做点实验，执行死刑的方式是使你放血而死，这是你死前对人类做的一点有益的事情。"这位犯人表示愿意这样做。

实验在手术室里进行，犯人在一个小间里躺在床上，一只手伸到隔壁的一个大间。他听到隔壁的护士与医生在忙碌着，准备对他放血。护士问医生："准备五个瓶子够吗？"医生说："不够，这个人块头大，要准备七个。"

护士在他的手臂上用刀尖点了一下，算是开始放血，并在他手臂上方用一根细管子放热水，水顺着手臂一滴一滴地滴进瓶子里。犯人听到滴答滴答的声音，只觉得自己的血在一滴一滴地流出。滴了三瓶，他已经休克，滴了五瓶他已经死亡，死亡的症状与因放血而死一样。但实际上他一滴血也没有流，所有的东西只是一个假象，这个假象给了他心理暗示，是"自己的血正在流淌，自己正在死去"

的心理暗示，由此可见，自我暗示的力量实在太大了。

许多人对自我暗示有诸多误解，他们或许会认为这是一种"画饼充饥"的行为，因而不相信。自我暗示是不会对这样的人起作用的。俗话说："心诚则灵。"这句话用在自我暗示上，再恰当不过了。你要利用自我暗示，就必须对自我暗示有绝对的信心，因为潜意识心智只接受那些你相信的指令。你如果本来就不相信，或对其持怀疑态度，自我暗示怎么会起作用呢？

不同的心理暗示必然会有不同的选择与行为，而不同的选择与行为必然会有不同的结果。有人曾说："一切的成就、一切的财富，都始于一个意念。"

人们常说："心态决定命运。"这正是以心理暗示决定行为这个事实为依据的。

积极的心理暗示必然引起积极的心态，积极的心态决定了一个人的行为也是积极的。一个具有积极行为的人，取得成功不再是难事。

用肯定语气给自己打气

在工作或学习上遇到阻力的时候，很多人会悲观地说"我就知道不行""我就是没这个能力""我毕竟比不上他"等丧气话。实际上，这些话对自己就是一种消极的自我暗示，是把甘愿放弃的心境确定化，这一类的话一旦说出口，就算本来能够做好的事，也会做不好。当你说"算了""还是不行"这些字眼的时候，就表示你已放弃努力，停止思考。因此，当这些话说出口时，你就把自己一时的困难看作是理所当然，而且也不愿走出逆境一步。

其实，平常不经意使用的话语，有很大的自我暗示的力量，会给人积极或消极的影响。如果你不希望自己产生自卑感，那么就要避免使用这些消极、缺乏上进心的话语。这些话要从你的谈话或文章中消失。纵使一时闪现在脑海中，也要立即把它"删除"，这样才能产生自信心。

这方面的事例很多，只要大家留心，从街边的水果摊上都能得到一些启示。有些水果从外表上无法判断其味道的好坏，因此顾客有时候问："老板，这西瓜甜不甜？"或是"这橘子酸不酸呢？"这时如果他说"也许甜吧"或是"应该不会酸吧"这种暧昧的回答，那么顾客十有八九是不会买的。

但如果是同样的物品，得到的回答却是："包甜，不甜不要钱！"或是"这橘子绝对不酸，不信您尝尝。"用这种果断肯定的语气，通常都能把东西卖出去。这就是买卖上的心理暗示。事实上，这个老板和顾客做生意时，他也相信这西瓜或橘子是甜的，他会以自己的自信说服顾客，所以他的生意很好。因此，在自己的心中先暗示自己接受这一观点，然后用断然的语气说服自己，就不会产生"也许很甜吧"这种含糊的回答。一旦你自己有了自信，你就踏出了成功的第一步。

另外，一个人在缺乏信心时，讲话往往吞吞吐吐、模糊不清，因为他们缺乏主见，不知事情应当如何处理，因而不得不找一些回避的方法，以缓和内心的不安。相反地，充满信心的人讲起话来不仅口齿清晰，谈吐有条理，还具有鼓动性，给人的感觉是：做起任何工作都有精神。

一般人有种感觉，学习日语比学其他语言困难，是因为日语不听到最后，往往难以明白其语气是肯定还是否定，更糟糕的是，有些日本人讲话，听到最后也不知道他到底是肯定还是否定。这方面并不是单纯的语言问题，它与一个人的性格也有很大的关系，这就涉及一个信心和成败关系的问题。

有人认为：日本人的这种语言特点，和其民族的谦虚和信心有关。其实，在有信心之后，谦虚已经成为次要的事情。当宣布某一项计划或决定某一职务时，使用肯定的语气是非常必要的，因为多使用肯定的语气，不仅可以产生暗示自己、增加自己信心的作用，同时对周围的人来说也是具有感染力的。因此，所谓的谦虚，也要视时间和场合而定。

有些人在选择人生目标的时候，总是希望拿出毅然决然的想法，但又老是藕断丝连拘于形式，不能很快正确地决定下来，因而说起话来总有一种拖泥带水的感觉，这样就从心理上削弱了自己的热情和信心。

的确，当做某些事情遇到困难时，要想去解决它要耗费很大的精力，但如果我们说"算了，做不下去了"，这当然是一件非常简单的事。但这样一来，你所有的思考和努力都付之东流，永远也难有攻克它的机会了。

采用否认态度处世的危险，在于它可能形成一种生活习惯，当一个人养成这种习惯，再遇到困难时，就容易产生放弃的念头。因此，我们在平时，对于否定语气的用语应当尽量少用，以妨对自己造成不良的暗示作用。

积极自我暗示的方法

既然发展积极的心理态度的方法是坚持心理上的积极的自我暗示，那么，我们在进行积极的自我暗示时，应当怎么做，需要注意些什么呢？

1. 自我暗示的原则

请你牢记以下五个基本原则：

（1）语句简洁有力

如："我一定要发财！""我一定要完成这项艰巨的任务！"

（2）意向必须积极

这是最重要的。如果你说"我不要受穷"，这种消极的语言会把"自己总是受穷"这个观念印在你的潜意识里，使你难以重新自我描述。因此，你要说"我要越来越富有"。

（3）信念坚定、目标明确

暗示的语句要有相信能成的可行性，不能在心理上产生矛盾与抗拒。如果你认为"我在今年要赚到几十万元"是不大可能的话，那就选择一个切实可行而又比较理想的目标，如"我今年之内要赚到五万元"。

（4）想象具体的情景

默诵或说出暗示的语句时，你要通过想象在脑海里清晰地看到自己变富有的模样和情景，越具体越真实越好。具体而真实的情景才能激励自己的行动和热情。

（5）贯注感情，激发热忱

想象自己身体健康，你要有浑身是劲、充满活力的感觉；想象自己发财致富，你要有存款增加、生活丰盛的感受。当你进行自我暗示、默念暗示的语句时，一定要把感情贯注进去……人的意识和行为不仅会受理智的支配，也会受感情的影响，而且越是富有感情的自我暗示，越能激发潜意识向着积极的方向转变。否则，光是嘴里念叨是不会有结果的，你的潜意识是依靠你的思想和感受的协调去运作的。

目标，是一个有限期的梦；自我暗示，是为了激发热情，促成行动。尽管机械式的自我暗示也会有一定效果，但是，你越是信念坚定、倾注感情，收效便越显著。如果你的身体、理智、感情都一致渴求一样东西，你就会不怕艰难，敢于冒险，甘愿付出代价。这样，你的梦想通过实际行动就会成为现实。

比如，一位性情腼腆的大龄青年要去和通过朋友介绍的一位姑娘初次见面。朋友一再告诫他：以前你跟人家见面总是脸红，不是有话说不出来，就是说出的话词不达意，颠三倒四……给人的第一印象不行，你失去了多少机会呀！这一回机会难得，这个姑娘确实不错，你可一定要改一改老毛病啊！

这位腼腆的青年点头称是，他当然愿意不再拘谨木讷，而要洒脱自如。但他在赴约前，如果在心里只顾提醒自己别再犯老毛病，别再脸红，别再说话词不达意、颠三倒四……这是什么样的自我暗示，会不会有所突破呢？恐怕还会重蹈覆辙，效果不佳，因为这是消极的自我暗示。

那么，当他照镜子、打领带要去赴约之时，他应当怎样进行积极的自我暗示呢？他应当微笑着看着镜子中的自己在心里说：我见了她会脸红吗？脸红有什么不好？脸红表明我身心健康，可以增添我的魅力！我当着她的面说话会语无伦次，颠三倒四吗？没关系，说得不好，我也要实话实说。我就是要词不达意，语无伦次，听得她感到莫名其妙，稀里糊涂地投入我的怀抱！走！

试想，如此这般地自我暗示，必然会改变自我，有所突破，使他能做到敢于和乐于自我表现，与人交流。与以往的表现相比，一定会有良好的效果。

为什么他这样自我暗示就是积极的，会有所突破呢？因为他做到了自我接受，自我肯定，自我激励，也就是摆脱了旧我的桎梏，以积极的自我意识重新进行自我描述。显然，积极的自我意识是整个成功心理的核心，也是每一次积极的心理暗示的根基。一个人如果不能在根本上坚信"我能行"，那么他所经常进行的自我暗示怎么会是积极的呢？

当然，我们得承认，一个人要改变自我意识，由早已习惯的消极暗示转变为积极暗示，这不是一件很容易的事情。因为我们的自我意识会受到许多因素的影响，而且是经历了相当长的时间而形成的。

2. 影响心理暗示的因素

我们要下决心改变自我意识，就需要了解和反思有哪些因素在影响着我们的自我意识和心理暗示。

（1）如何看待自己的智能，即如何看待自己的优缺点

如果认为自己条件很差，缺点很多，并害怕承认，力图掩盖，当然就会影响自我认识，对自己的评价偏低。如果能充分认识自己的优点和潜能并充分表现自己的优点，开发自己的潜能，不去刻意掩饰自己的缺点和不足，那就会有较高的自我肯定和自我评价。

（2）为自己选取什么样的目标，提出什么样的标准

如果自我期望和要求很低，就会志得意满，不思进取；但如果对自己的目标选择期望标准过高，也会力不从心，悲观失望。只有从实际出发，选择和期望较为恰当，才会产生积极作用。

（3）和什么人比较

一个人通过和不同的对象做比较，可以使自己显得很矮小或者很高大。一个人如果眼界狭窄，见识很少，仅仅只同几个人相比较，就会产生过分的自卑感或优越感。

（4）个人的归属感

一个缺乏自信的人如果发现他所属的群体、环境较为优越和可依靠，微不足道的自我由于"我们"而会增强信心；反之，就会感

到平庸而虚弱。同样的道理，家庭环境、别人的看法、学历的高低等等也都是影响自我意识的因素。

（5）如何看待实践中的成功与失败

成功令人鼓舞，失败令人沮丧。这两种截然不同的情况对人的自我意识有很大的影响。

正因为我们的自我意识要受到多种因素的影响，所以我们要把成功心理所包括的各个方面的思想内容相互联系、融会贯通，才能领会其精神实质，应用到具体实践中去。但不论因素有多少，最根本、最关键的因素依然是由自我认识、自我评价、自我期望与要求所构成的自我意识，因为一切因素的影响都要通过你的心理反应才能起作用。

你到底认为自己能行，还是不行？你是侧重于"想要"什么，还是总想"不要"什么？你是习惯于生活在别人的眼光里，还是一定要做自己的最高仲裁者？这一连串的自我意识和选择便决定了你遇到问题和挑战时将会进行什么样的自我暗示，采取什么样的行动，并得到什么样的效果。可以说，成功是一种习惯，失败也是一种习惯。

一位硕士毕业的女律师准备第一次出庭辩论，内心紧张不安："我不要神色拘谨，说话不顺。我不要被人家看出我是第一次出庭，没见过世面。我不要被人看作太年轻，没经验。我不要被人看作太幼稚，没本事。我不要……"

她掉进了一连串的"不要""不能""可别"之类的陷阱里，她总是担心出错露怯，害怕挫折失败。这当然属于消极的自我暗示。

可是，事情往往是你不要什么，你害怕什么，却偏偏会出现什么。有关研究表明：人的大脑里多次出现的图像会像实际情况那样刺激人的神经系统。如打高尔夫球，你总是告诫自己："不要把球打进水里"，大脑就会浮现出"球掉进水里"的情景，那么事情必然发生。

许多人在当众演讲、与人交际、求职面试、与异性约会、参加某种比赛等活动中，尤其是初次参与这些活动的时候，都会出现这种消极的心态，都会掉进一连串"我不要……"的陷阱里。

那么，这位女律师应当怎样自我暗示呢？她应当把注意力集中在自己所希望发生的情景上，她应当在心里说："我相信我能行！我相信自己一出庭就显得很有精神，很有气质。我希望一张口辩护就使人感到我精通法律，主持正义，我的论点是以充分的事实为依据的。我希望语言流畅，论辩有力，能够吸引人们的注意和兴趣，赢得人们的赞成与支持！"于是，她就想象那种充满自信、论辩有力的具体情景，经过这样的练习和准备，她就会在第一次出庭辩护中获得成功。

实际上，许多人并不是绝对不使用积极的自我暗示，但由于他们不经常、不坚持这样做，因此当面对困难、遇到挫折的时候，他们就对积极的心理暗示失去了信心，从而把心理暗示这个法宝翻转到消极的早已习惯的那一面。有些人之所以难以把成功心理贯彻到自己的实际生活中去，其原因就在于此。这就说明，如果我们的自我意识不能脱离早已习惯的旧轨道、老框框，就会误以为积极的心理暗示没有用。

第四章

认识自我：你不比任何人差

很多事情的成败其实并不在于能力，而很多人的悲哀正在于他们明明有这样的能力却没达到与之相应的高度。其实，我们身上有太多太多的优点并没有被发掘出来，而看不到这些优点，就会导致我们在困难面前亦步亦趋，不敢面对。其实，人生当中并没有绝望的处境，只要我们勇于直面困难，那就已经获得了胜利。而这直面困难的勇气正是来源于自信力！

英雄不问出身

有这样一种观念：成功讲究天时、地利、人和。自己有才能，没有机会不行。机会的得来，就是天时，但有机会，还得有人推动，这就是人和。家长是领导、军官等阶层的，机会多，成功的条件多，往往一句话顶上千军万马，想到什么单位就到什么单位，想当什么领导就能当什么领导。大款的子女，多是贵族学校出身，才能有点，钱多点，老爹认识的领导多点，至少安排个工作很简单，出头的机会有，但当不上大领导，因为领导不会让他凌驾于自己头上。成功靠背景，成功看出身，这是绝对的吗？

其实，凡是成功了的不一定都是英雄豪杰，没有成功的也不是永远的平民百姓，社会里人才辈出，从来都不分高低贵贱。现实生活中，充满着挑战，充满着机遇，对于每个人来说都是公平的竞争。如果你全心全意地面对每一次挑战，抓住每一次机遇，胜利的把握也许出乎意料地惊喜。

伊尔·布拉格是美国历史上第一位荣获"普利策新闻奖"的黑人记者。他勇敢勤奋，功绩卓越，创造了美国新闻史上的一个奇迹。

他在回忆自己童年经历时说："我们家很穷，父母都靠卖苦力为生。那时，我父亲是一名水手，他每年都要往返于大西洋各个港口之间。我一直认为，像我们这样地位卑微的黑人是不可能有什么出息的，也许一生只会像父亲所工作的船只一样，漂泊不定。"

伊尔·布拉格9岁那年，父亲带他去参观凡·高的故居。

在那张著名的嘎吱作响的小木床和那双龟裂的皮鞋面前，布拉格好奇地问父亲："凡·高不是世界上最著名的大画家吗？他难道不是百万富翁？"父亲回答他说："凡·高的确是世界著名的画家，同时，他也是一个和我们一样的穷人，而且是一个连妻子都娶不上的穷人。"

又过了一年，父亲带着布拉格去了丹麦，在童话大师安徒生墙壁斑驳的故居，布拉格又困惑地问父亲："安徒生不是生活在皇宫里吗？可是，这里的房子这样破旧。"父亲答道："安徒生是个砖匠的儿子，他生前就住在这栋残破的阁楼里。皇宫只在他的童话里才会出现。"

从此，布拉格的人生观完全改变。他不再自卑，不再以为只有那些有钱有地位的人才会出人头地。他说："我庆幸有位好父亲，他让我认识了凡·高和安徒生，而这两位伟大的艺术家又告诉我，人能否成功与贫富毫无关系。"

现实生活中，我们常常看到这样一些人，他们会以自己的出身来确定自己未来的生活前景；他们经常会因自己角色的卑微，而用可怜的声音与世界对话；他们总是因暂时的生活窘迫而放弃了自己的梦想；他们总是因其貌不扬被人歧视而低下了充满智慧的头颅。不要用卑微的姿态面对世界。一个人只要知道自己要去哪里，全世界都会给他让路。

童第周是我国著名的生物学家，也是国际知名的科学家。他从事实验胚胎学的研究近半个世纪，是我国实验胚胎学的主要创始人。这样一个光辉人物的出身却很贫寒。

童第周出生在浙江省鄞县的一个偏僻的小山村里。由于家境贫困，小时候一直跟父亲学习文化知识，直到 17 岁才迈入学校的大门。读中学时，由于他基础差，学习十分吃力，第一学期末平均成绩才 45 分。学校令其退学或留级。在他的再三恳求下，校方同意他跟班试读一学期。

此后，他就与"路灯"常相伴：天蒙蒙亮，他在路灯下读外语；夜里熄灯后，他在路灯下自修复习。功夫不负有心人，期末，他的平均成绩达到 70 多分，几何还得了 100 分。这件事让他悟出了一个道理：别人能办到的事，我经过努力也能办到，世上没有天才，天才是用劳动换来的。之后，这也就成了他的座右铭。

大学毕业后他去比利时留学。在国外学习期间，童第周刻苦钻研，勤奋好学，得到了老师的好评。获博士学位后，他回到了灾难深重的祖国，在极为困难的条件下进行科学研究工作。没有电灯，他们就在阴暗的院子里利用天然光在显微镜下从事切割和分离卵子工作；没有培养胚胎的玻璃器皿，就用粗陶瓷酒杯代替；所用的显微解剖器只是一根自己拉得极细的玻璃丝；实验用的材料蛙卵都是自己从野外采来的。就在这简陋的"实验室"里，童第周和他的同事们完成了若干篇有关金鱼卵子发育能力和蛙胚纤毛运动机理分析的论文。

贫穷不是罪过，成功不会拒绝贫穷的人，只会拒绝不求上进、游手好闲、无所事事的人。因为出身富贵而无所用心的人，也许难成功；因为出身卑贱而艰辛劳作的人，也可能成功。只要我们能够拥有生命，敢于去争取、去努力、去拼搏生命中的每一天每一时每一分每一秒，且一如既往，我们总是可以获得成功的。

人生起点并无高低之分

这个世界上存在着各种各样的人，有的人一出生就含着金钥匙，衣食无忧；有的人却出身贫寒，历尽磨难。一些悲观的人认为，出身会影响一个人一生的命运，因为他们觉得，出身代表着人生的起点，如果起点都比别人低，那又怎么爬上比别人更高的终点呢？

其实，人生的起点并不能决定人一生的命运。纵观当今各界成功人士，大多起点都非常之低。演艺界的周星驰、成龙、周润发、刘德华等，曾经都是混迹在街头巷尾的无名小卒。工商界的鲁冠球、刘永行兄弟、潘石屹等，曾经都是出身农村的穷小子。只因心中那希望之花永不凋谢，只因那胸中的激情之火从不熄灭，他们一步步爬上了事业的巅峰。

还有一个命苦的少年，他的名字叫松下幸之助。因为家境贫寒，松下幸之助在 10 岁时就离开家乡，离开母亲，独自踏上几百里外的大阪，到一家火盆店当起了月薪 10 分钱的学徒工。

请记住这样一个数据：全球有 80% 的亿万富豪出身贫寒或学历较低，他们白手起家创大业，赢得了令人羡慕的财富和名誉。

1999 年，美国《财富》杂志首次推出全美 40 位 40 岁以下的富豪排行榜，榜上有名的几乎全部是在高科技领域自我创业奋斗的成功人士。如今，年轻的亿万富豪出现在更多的行业和领域中。

值得一提的是，在 2001 年的全美 40 位 40 岁以下富豪排行榜上，有 12 位是"钻石王老五"的单身贵族，包括名列第 22 位的坏孩子娱乐公司总裁肖恩·科姆斯，其个人财产达到了 2.31 亿美元。

其中还有一位单身女富豪，她就是佐恩工程公司的副总裁詹妮特·西蒙斯，她的个人财产达到了 3.74 亿美元。

36 岁的戴尔电脑公司创始人、首席执行官兼总裁迈克尔·戴尔则连续 3 年坐在头把交椅上，拥有 163 亿美元身家。

进入前 5 名的还包括著名网络商店电子港湾 (eBAY) 共同创始人——34 岁的皮埃尔·欧米德亚和 36 岁的斯考尔，两人的身家分别是 43.9 亿美元和 26.3 亿美元。

门户计算机公司的创始人之一、公司首席执行官和总裁泰德·威特年仅 38 岁，却拥有 18.7 亿美元的财富。

还有一位就是知名度相当高的网络购物城亚马逊书城的创始人、总裁、董事长兼首席执行官杰夫·比佐斯，37 岁的他拥有 12.3 亿美元的个人财产。

身处社会底层，理想被现实的大脚无情地践踏，不要悲伤与哭泣。只要种子还在，就有发芽破土、长大成材的机会。而我们所要做的就是：呵护好我们的种子，照料好它，直至长大，开花、结果。

新东方的董事长兼总裁俞敏洪，也曾经是一个穷小子。考了三年大学才跳出"农门"。在北大读书五年也是"不堪回首"（其中病休一年）。大学期间，他几乎没有在北大学生经典的卧谈会上自信地发表过自己的见解，没有参加过任何一种学生活动，没有主动交往过女生……在大学师生眼里，俞敏洪曾是北大里"最不应该成功的人"。

2007 年，作为成功企业家中的楷模，俞敏洪被央视"赢在中国"

栏目组请去当评委。面对那些新鲜、年轻的创业面孔，俞敏洪做了一个激情澎湃的即兴演讲：

"……当你是地平线上的一棵小草的时候，你有什么理由要求别人在遥远的地方就看见你？即使走近你了，别人也可能会不看你，甚至会无意中一脚把你这棵草踩在脚底下。当你想要别人注意的时候，你就必须变成地平线上的一棵大树。人是可以由草变成树的，因为人的心灵就是种子。你的心灵如果是草的种子，你就永远是一棵被人践踏的小草。如果你的心灵是一棵树的种子，就算被人踩到了泥土里，只要你的心灵是一棵树的种子，你早晚有一天会长成参天大树。"

没有花香，没有树高，我是一棵无人知道的小草。当一个人身处社会或身边圈子的底层时，失落与郁闷是难免的。俞敏洪的话应该是有感而发，因此能触动我们心灵最柔软的地方。但光感动不行，感动之余还要想想其中的道理。俞敏洪的话告诉我们一个简单的道理：人生不怕起点低，如果你身处底层，在遭受无视甚至蔑视时，最好的应对方式是心怀高远之志并暗暗努力。

看到自己身上的长处

黎歌是一个非常自卑的姑娘，一年前，她在工作上出现了重大失误，被老板开除了，紧接着她的婚姻又亮起了红灯，和她结婚多年的丈夫竟然移情别恋，苦苦挽回无果后，她只得含泪签下离婚协议。

那段日子对黎歌来说异常痛苦难熬，原本就不够自信的她，变得越来越自卑，并因此迷失了人生的方向。她感觉自己就像一只被上帝抛弃了的丑小鸭，浑身上下一无是处，工作没着落，感情也没归宿，虽生犹死罢了。

有一天，她的朋友们结伴来看望她。起初，朋友们轮番上阵安慰她，鼓励她，让她一定要想开点，不要再纠结那些已经过去的人和事。虽然知道朋友们是一番好意，但黎歌还是没有办法走出来，她喃喃自语道："这一切都结束了，我再也回不到以前了，现在的我，什么都没有，我厌恶我自己。"

说完，她把头深深地埋在双手里，不愿意直视朋友们充满关切的眼睛，她害怕在她们的眼睛里看到一个破败颓废的自己，那只会加深她对自己的厌恶和嫌弃。就在这时，只见一位朋友在她身边轻轻地坐下，温柔地拉起她的手说："谁说你什么都没有？你还有很多迷人的优点，这些优点可以帮助你重新开始。"

"优点？你在开玩笑对不对？我哪有什么优点，我就是一只丑小鸭！"黎歌摇了摇头，她觉得朋友是为了安慰她才说的这些谎话。

就在她又准备把头埋进去的时候，朋友连忙解释道："亲爱的，我没有开玩笑。这样吧，我们现在就可以把你的优点全部列出来写在纸上，等我们写完后，你再看看这些优点你有没有，好吗？"还没等她答应，朋友们就迅速找来纸和笔，然后开始齐刷刷地在纸上写她的优点。

两个人整整写了 20 分钟，写完后还仔细数了数，加起来总共有 200 多条。黎歌本来想凑过去看一下，结果被朋友们拦住了，她们把这 200 多张写着黎歌优点的小字条小心翼翼地折叠好，然后全部装到一个小玻璃瓶里。

"黎歌，你是我们几个人的好朋友，这些优点或许你平时都没有发现过，可它们却给我们留下了深刻的印象，我们也是受益者之一。从明天开始，你每天早上起床后，要做的第一件事情，就是从这个小玻璃瓶中掏出一张小纸条。希望以后你每看到一个优点，就给自己一点儿自信。"朋友们的话让黎歌备受感动，她开始有些期待第二天起床后的惊喜了。

第二天一大早，黎歌醒来后就飞快地跳下床，从玻璃瓶里拿出了一张小字条，然后慢慢地把字条打开，只见上面写着两个字："善良。"纸条的最下角还有一行小字："亲爱的黎歌，你的善良曾温暖我，希望也能温暖到你自己。"朋友们的关爱，让黎歌感到心房有一股暖流经过，随即她欢快地吃完了早餐，天知道，她已经有许久没好好吃过早餐了。

第三天早晨，黎歌又从瓶子里拿出了一张字条，上面写着"智慧"两个字。她惊呆了，她完全没有想到，在朋友们的眼里，自己竟然是一个拥有智慧的人。第四天早晨，黎歌手中纸条的内容是"善解人意"，看到这些，她突然咯咯地笑了，笑中带泪。第五天早晨，字条上写着"积极乐观"。第六天早晨，字条上写着"富有同情心"……

半年后，黎歌差不多看完了朋友们写给她的所有纸条，现在的她，比以往自信开朗了许多。从此，她再也不是一只丑小鸭了，她开始为将来的蜕变做努力，每天努力地工作，闲暇积极充电，结交新的男友。她非常感谢朋友们给自己的帮助，如果没有那200多张写满优点的小字条，她根本没法这么快走出那段伤痛的时光，更无法积蓄力量，重新振作起来，开始自己的新生活。

其实，真正让黎歌告别伤痛的是那些不曾被她察觉的优点，朋友们的帮助只是一个推手，让自卑的她逐渐看清楚一个事实，那就是原来她有那么多自己没有看到的优点。正是这些优点，帮助她重建自信，点燃对生活的热情。

在法国作家妙莉叶·芭贝里的小说《刺猬的优雅》里，门房荷妮白天穿着落伍的衣服，顶着肥胖的身体，推垃圾桶，打扫卫生。闲暇，她却是一个喜欢喝茶、品味巧克力且饱读诗书的中年女子。

荷妮的内心优雅且细腻，但又有些不自信，不愿意和人群有过多的接触，直到一位名叫小津格郎的日本男子出现，她的心扉才慢慢打开，并开始像一朵花儿一样绽放。书中曾描绘了这样一个有趣的情节，当荷妮梳着时髦的发型，穿着名贵的礼服，系着昂贵的丝巾出现在人们面前时，那些有钱的住户竟然没有认出她是谁。

对此，小津格郎的回答是："不是她们没有认出你，是她们从来没有好好看过你。"多么动人的话啊！至此，荷妮才发现自己原来也有那么多优点，其实，何止别人没有好好看过她，就连她本人，也从来没有好好看过她自己。

所以，当我们被困难、挫折、苦难、不幸包围时，不要急于缴械投降，更不要轻易否定自己，贬低自己，看不起自己，要知道，我们身上有着许许多多的优点，虽然它们从未被我们发现，但并不代表它们不存在。找到这些优点，或是把优点当作鼓励我们勇往直前的武器，这才是我们的当务之急。

你的能力超乎你想象

截至目前，俞敏洪最出色的成就，就是一手创办了北京市新东方学校。从零开始将其发展成为全中国最强大的培训集团，并于

2006年9月带领新东方教育科技集团在美国纽约证券交易所成功上市，创造了中国内地第一家在美国上市的教育培训机构的纪录。

2008年在北京大学的开学典礼上，俞敏洪说过这样一段话："人的一生是奋斗的一生。但是有的人一生过得很伟大，有的人一生过得很琐碎。如果我们有一个伟大的理想，有一颗善良的心，我们一定能把很多琐碎的日子堆砌起来，变成一个伟大的生命。但是如果你每天庸庸碌碌，没有理想，从此停止进步，那未来你一辈子的日子堆积起来将永远是一堆琐碎。"

作为20世纪影响中国的25位企业家之一，俞敏洪并不是一出生就含着金汤匙，他在职场上建立的培训帝国也不是世袭于背景雄厚的上一代。可以说，他完全是草根出身，赤手空拳，打下了今日的江山。正是由于他的从无到有，从默默无闻到万众瞩目的经历，让他对于诠释"你永远不知道自己有多强大"这个事关潜力的话题，有更充足的说服力。

当年俞敏洪本来已经辍学在家一年了，但因邻村一个女孩退学回家，俞敏洪终于得到了进入高中继续读书的机会。辛苦准备，第一次高考来临。俞敏洪的英语成绩却只有三十三分。

面对残酷的现实，俞敏洪不得不回村里干起了农活。他开着手扶拖拉机，在田地里插秧割稻，经营着庄稼，也思考着自己的未来。就这样放弃了吗？太不甘心了。于是，一年之后的高考，俞敏洪再次报名参加。只是命运之神似乎想给他更严酷的考验，这次他又失利了。

不放弃，俞敏洪就是不愿意放弃，更加不愿意相信自己只有这么点儿能耐。于是再次发奋学习，终于第三次高考，他以英语95分、总分 387 分，超过北京大学当年录取分数线七分的成绩，开创了自己人生的新篇章。

进入全国的最高学府以后，俞敏洪发现自己是全班唯一一个从农村来的学生。自卑、孤独折磨着他的内心，也磨炼着他的灵魂。他把每天上课以外的所有时间，都用在弥补自己与他人的差距上。古今中外各种书籍，只要能找到的，他都如饥似渴地研读起来。

凭借着这种永不言败的精神，俞敏洪通过持续不断的努力，一次又一次改写了自己的命运。毕业后，他得以在北大任教。后来，又因为学校的不公平对待，他愤而离开，走上了自己的创业之路。一直到现在，俞敏洪都是激励着无数人努力改变命运的榜样。

每一个身处命运捉弄的人，都会觉得仿佛命运已经把自己打入谷底。但是只要永不言败，就没有谁能够阻挡我们成功的步伐。我们永远不知道自己有多强大，除非亲自去验证，去实现，去创造未来。俞敏洪的故事，就是最鲜活的证明。

很多员工都容易陷入自卑、孤独甚至失望的情绪困境。初入公司，当看到同事在办公室谈笑风生，而自己只能坐在陌生的办公桌前，找不到与大家的共同话题时，我们也许会在心里痛骂自己笨拙的口齿。

接到新任务，发现有人做起来得心应手，眼看就要完成任务，而自己还一筹莫展时，我们也许会恨不能立刻辞职，没有勇气去面对领导和同事。项目竞争，对手们意气风发，当之无愧地领受着公司颁发的奖金和荣誉，而自己只能在老板的办公室里被骂到抬不起头。凡此种种，我们都可能在职场中遭遇。

但是一次失败究竟能说明什么？充其量只是证明，目前我们的能力尚不足以战胜这个挑战而已。要相信，我们拥有连自己都不知道的强大。只要假以时日，花费比别人更多的努力，勇敢面对自己的弱点并全力克服，从每一次挑战中看到自己的成长，而不是失败，多给自己一些信心，就是多给自己一些变强的空间。

职场上，有很多成功的企业家都愿意把他们的经历和员工分享，以此鼓励大家，你永远不知道自己有多强大。稻盛和夫就是其中之一。

稻盛和夫是著名的日本企业家，拥有缔造过两家世界五百强企业的辉煌成绩，被称为日本的"经营之圣"。他在《活法》一书中说："人是很奇怪的，一旦被逼入进退维谷的境地，反倒想开了，放松了。在改变自己心态的瞬间，人生就出现了转机。此前的恶性循环被切断，良性循环开始了。在这个经验中，我明白了一个真理，就是人的命运绝不是天定的，它不是在事先铺设好的轨道上运行的。根据我们自己的意志，命运既可以变好，也可以变坏。"

世界上，最坚不可摧的意志力就来源于那些相信自己可以不断突破自我，超越曾经的人，因为没有人知道他们究竟有多强大。

你也可以成为后天赢家

有一位收藏家，喜欢收集和买卖一些稀少的、有纪念价值的物品，即使花再高的价钱，他都在所不惜。

有一次，他听说在英国，有人要拍卖世界上最古老的邮票，十分心动。他想，机会难得，于是赶紧前往拍卖会场。

到了现场，他发现这是最少见的邮票，世上只存有两张，而这两张邮票都在会场上准备拍卖。拍卖的最后，这位仁兄各以一百万英镑买下了这两张邮票，出手之阔，惊动了拍卖会场，大家不知道他为何要出这么高的价钱。

就在众人议论纷纷的时候，这位收藏家走到台上，向大家宣布："各位都看到了我以两百万英镑购得这世上仅存的两枚邮票，现在我要做的是，把其中一张烧掉。"讲完之后，他就从口袋里拿出打火机，果然把其中一张给烧掉了。

当时，与会来宾个个愣在那里，他们不敢相信这是真的，难道他真的发疯了？这个时候，收藏家又说："大家都看到了，我已经烧掉了其中一枚。换句话说，我手上的这一枚是世界上独一无二的，它，才是真正的无价之宝！现在，我要把它卖给懂得鉴赏它的人，请大家出个价吧！"

这时，喊价声不绝于耳，大家争先恐后想获得这独一无二的至宝，最后，竟然以五百万英镑成交了，打破有史以来最高的纪录。收藏家转眼之间就赚了三百万英镑！

如果你也拥有一个全世界独一无二的稀有之宝，你会如何珍惜它呢？可是，你是否想过，你自己本身也是绝无仅有、独一无二的。你的外表、动作、个性和思想都是唯一的，过去没有，现在没有，将来也不会有其他的人跟你一模一样。在这天地之中，你就是你，无人可以取代！我们每一个人都是地地道道的"天生赢家"。我们每一个人都具备了赢家的特质和潜能，只要后天多加努力，那么我们每一个人都有成功的希望。

这是流传于西方的一则故事：由于世界大战爆发，某人无法取得他的工厂所需要的原料，因此只好宣告破产。他大为沮丧，于是，离开妻子儿女，成为一名流浪汉。他对于这些损失无法忘怀，而且越来越难过，甚至想跳湖自杀。一个偶然的机会，他看到了一本名为《自信心》的书。这本书给他带来勇气和希望，他决定找到这本书的作者，请作者帮助他重新站起来。

当他找到作者，说完他的故事后，那位作者却对他说："我已经以极大的兴趣听完了你的故事，我希望我能对你有所帮助，但事实上，我却绝无能力帮助你。"他的脸立刻变得苍白。他低下头，喃喃地说道："这下子完蛋了。"作者停了几秒钟后说："虽然我没有办法帮助你。但我可以介绍你去见一个人，他可以帮助你东山再起。"刚说完这几句话，流浪汉立刻跳了起来，抓住作者的手，说道："看在老天爷的分上，请带我去见这个人。"

于是作者把他带到一面高大的镜子面前，用手指着镜子说："我介绍的就是这个人。在这个世界上，只有这个人能够使你东山再起。除非坐下来，彻底认识这个人，否则，你只能跳到密歇根湖里。因为在你对这个人做充分的认识之前，对于你自己或这个世界来说，你都将是个没有任何价值的废物。"

那人朝着镜子向前走了几步，用手摸摸他长满胡须的脸孔，对着镜子里的人从头到脚打量了几分钟，然后退后低下头，开始哭泣起来。

几天后，作者在街上碰见了这个人，几乎认不出来了。他的步伐轻快有力，头抬得高高的。他从头到脚打扮一新，看来是很成功的样子。

"那一天我离开你的办公室时，还只是一个流浪汉。我对着镜子找到了我的自信。现在我找到了一份年薪三千美元的工作。我的老板先预支一部分钱给家人。我现在又走上成功之路了。"他还风趣地对作者说，"我正要前去告诉你，将来有一天，我还要再去拜访你一次。我将带一张支票，签好字，收款人是你，金额是空白的，由你填上数字：因为你介绍我认识了自己，幸好你要我站在那面大镜子前，把真正的我指给我看。"

成功学大师卡耐基告诉了我们发现自我与众不同的三种方法，值得我们借鉴：每天安排独处的时刻；努力破除束缚自我的种种积习；用热忱及兴奋去追求。

只要有信心，未来就散发光明

伟人都对自己拥有超乎常人的信心。英国诗人华兹华斯毫不怀疑自己在历史上的地位，也不耻于谈论这一点，也预见到自己将来的名声。恺撒一次在船上遭遇暴风雨，艄公非常担心，恺撒说："担心什么？你是和恺撒在一起。"

命运给我们在社会等级上安排好了一个位置，为了不让我们在到达这个位置之前就跌倒，它要让我们对未来充满希望。正是由于这个原因，那些雄心勃勃的人都带有过分强烈的"自以为是"的色彩，甚至到了让人难以容忍的地步，但这是为了让他获得继续向前的动力。一个人的自信正预示着他将来的大有作为。

从道德方面看，去相信那些充满自信的人，也是一种保险的做法。如果一个人开始怀疑自己的正直诚实，那么，这离别人对他产生怀疑也为时不远了。道德上的堕落，往往最先在自己身上露出征兆。

今天的人成天马不停蹄地忙碌着，他们没有时间去小巷子里寻找那些埋名隐姓的大师，而宁可相信一个小人物对自己的评价，除非有一天能够证明他的确不行。今天的世界是一个尊崇勇气和胆量的世界，一个凡事总爱抱怨、似乎生活本身就是个巨大错误的年轻人，难免要受到人们的轻视。

德国哲学家谢林曾经说过："一个人如果能意识到自己是什么样的人，那么，他很快就会知道自己应该成为什么样的人。但他首先在思想上得相信自己的重要，很快，在现实生活中，他也会觉得自己很重要。"

对一个人来说，重要的是我们要能够说服他相信自己的能力，如果做到这一点，那么他很快就会拥有巨大的力量。

"谦逊固然是一种智慧，人们越来越看重这种品质，"匈牙利民族解放运动的领袖科苏特说，"但是，我们也不应该轻视自立自信的价值，它比任何个性因素都更能体现一个人的男人气概。"

英国历史学家弗劳德也说："一棵树如果要结出果实，必须先在土壤里扎下根。同样，一个人也需要学会依靠自己，学会尊重自己，不接受他人的施舍，不等待命运的馈赠。只有在这样的基础上，才可能做出成就。"

青年人应该培养自己的自尊，使自己超越于一切卑贱的行为之上，从而与各种各样的侮辱与不体面绝缘。

在一次法庭辩论上，作为辩护律师的库兰说："我研究过我收藏的所有法学著作，都找不到一个这样的案例——在对方律师反对的情况下，还可以预先确定某项条件，这样的事情从来没有发生过。"

"先生——"主审的罗宾逊法官打断了他的话。这位法官是因为写过几本小册子才得到现在的职位的，但那些书写得非常糟糕，粗俗不堪。他接着说："我怀疑你的图书馆藏书量不够。"

"确实，先生，我并不富裕，"年轻的律师十分镇定，他直视着法官的眼睛，"这限制了我购书的数量。我的书不多，但都是精心挑选，而且是仔细阅读过的。我阅读了少数精品著作，而不是去写一大堆毫无价值的作品，然后才进入这一崇高的职业领域的。我并不以我的贫穷为耻，相反，如果我的财富是因为我卑躬屈膝，或是用不正当手段获得的，那我会真正感到羞愧。我或许不能拥有显赫的地位，但我至少保持了人格上的正直诚实。倘若我放弃正直诚实去追求地位，眼前就有很多的例子告诉我，这么做或许会让我得到所需要的东西，但在人们的眼里，我却只会显得更加渺小。"

从此以后，罗宾逊再也不敢嘲笑这位年轻的律师了。

"依靠自己，相信自己，这是独立个性的一种重要成分。"米歇尔·雷诺兹说道，"是它帮助那些参加奥林匹克运动会的勇士夺得了桂冠。所有的伟大人物，所有那些在世界历史上留下名声的伟人，都因为这个共同的特征而同属于一个家族。"

只有自信与自尊，才能够让我们感觉到自己的能力；其作用是其他任何东西都无法替代的。而那些软弱无力、犹豫不决、凡事总是指望别人的人，正如莎士比亚所说，他们体会不到也永远不能体会到，自立者身上焕发出的那种荣光。

你可以靠自己去成功

有这样一个寓言故事：

小蜗牛问妈妈：为什么我们从生下来，就要背负这个又硬又重的壳呢？

妈妈：因为我们的身体没有骨骼的支撑，只能爬，又爬不快。所以要这个壳的保护！

小蜗牛：毛虫姊姊没有骨头，也爬不快，为什么她却不用背这个又硬又重的壳呢？

妈妈：因为毛虫姊姊能变成蝴蝶，天空会保护她啊。

小蜗牛：可是蚯蚓弟弟也没骨头，爬不快，也不会变成蝴蝶，他为什么不背这个又硬又重的壳呢？

妈妈：因为蚯蚓弟弟会钻土，大地会保护他啊。

小蜗牛哭了起来：我们好可怜，天空不保护，大地也不保护。

蜗牛妈妈安慰他：所以我们有壳啊！我们不靠天，也不靠地，我们靠自己。

逆境几乎是世间每一个凡人的必经之路。不过，身陷逆境，不同的人态度也截然不同，有的人愿意乞怜，有的人会自暴自弃，有的人习惯诉苦，而有的人则会奋力自救。当然，你选择怎样的态度，也就选择了你最终的结果。

诉苦至多博得几滴同情的眼泪，在你想得到别人同情时，你从内心已让自己低人一截了。

乞怜可能连同情也得不到，而得到的是数不清的白眼。

自暴自弃更是下下之策。本来可能还有突围的可能，因为自暴自弃而失去了这份可能；本来还有东山再起的机会，因为自暴自弃而让机会从眼前溜走。

如此一来，只有自救才是你摆脱逆境的唯一方法。唯有奋力冲锋，杀开一条血路，才能求得海阔天高的生存空间。当别人帮不了你，上帝也无法救你之时，你只有自己救自己了。

一个名叫保罗的小伙子从祖父手中继承了一片森林庄园，可是，没过多久，一场雷电引发的山火就将其化为灰烬。面对焦黑的树桩，保罗感受到了从未有过的绝望。但是年轻的他不甘心百年基业毁于一旦，决心倾其所有也要修复庄园，于是他向银行提交了贷款申请，但银行却无情地拒绝了他。接下来，他四处求亲告友，依然是一无所获。

所有可能的办法全都试过了，保罗始终找不到一条出路，他的心在无尽的黑暗中挣扎。他知道，自己以后再也看不到那郁郁葱葱的树林了。为此，他闭门不出，茶饭不思，日渐消沉，他甚至后悔当初不该从爷爷手中继承这份遗产。

一个多月过去了，他的外祖母获悉此事，意味深长地对保罗说："小伙子，庄园成了废墟并不可怕，可怕的是你的眼睛失去了光泽，一天天地老去。一双老去的眼睛，怎么可能看得见希望呢？"

保罗在外祖母的劝说下，一个人走出庄园，走上了深秋的街道。

他漫无目的地闲逛着，在一条街道的拐角处，他看见一家店铺的门前人头攒动，他下意识地走了过去。原来，是一些家庭妇女正在排队购买木炭。那一块块躺在纸箱里的木炭忽然让保罗眼睛一亮，他看到了一线希望。

在接下来的两个多星期里，保罗雇用了几名烧炭工，将庄园里烧焦的树加工成优质的木炭，分装成箱，送到集市上的木炭经销店，结果，木炭被一抢而空，他因此得到了一笔不菲的收入。

不久，他用这笔收入购买了一批新树苗，一个新的庄园出现了。几年后，森林庄园又渐渐恢复了它原有的生态。

只要眼睛不失去光泽，心灵就永远不会荒芜。

我们每一个人都有身处逆境的时候，但在这时，与其悲伤流泪，还不如就自己既有的条件去慢慢耕耘，一旦机会来临，自己也有了足够的条件去发展，境遇自然就会好转。

许多事实证明：在逆境中，只要你不让自己消沉颓废，环境是不能把你怎样的。

所以，我的朋友，无论你身处多大的困境，都不可以自暴自弃。

有道是"自助者天助"，只要你有心摆脱逆境，并且付出行动，你就一定能改变现状，重获新生。

"野火烧不尽，春风吹又生。"这句诗之所以千古流传，是因为它向人们阐述了一个生命力的概念，其寓意远远超出了诗句表面的"诗情画意"。

当一个人的意志变成了一块顽石时，没有什么可以打败他，更没有什么可以吓倒他。无论陷入什么样的困境，他都能够永远立于不败之地。

拥有信念，你便是最好的自己

信念是人生的真正脊梁，一旦从信念上摧垮一个人，其人生也就变形了。一个生命能否战胜厄运、创造奇迹，取决于你是否赋予它一种信念的力量。一个在信念力量驱动下的生命即可创造人间奇迹。

有一则关于飞翔的故事，这样讲道：

多年前，一位穷苦的牧羊人领着两个年幼的儿子以替别人放羊来维持生计。一天，他们赶着羊到一个山坡，正好碰见一群大雁鸣叫着从他们头顶飞过，很快消失在远方。

牧羊人的小儿子问他的父亲："大雁要往哪里飞？"

"它们要去一个很温暖的地方，在那里安家，度过寒冷的冬天。"牧羊人回答说。

他的大儿子眨着眼睛羡慕地说："要是我们也能像大雁一样飞起来就好了。"

小儿子对父亲说："做只会飞的大雁多好啊。"

牧羊人沉默了一下，然后对两个儿子说："只要你们想，你们就能飞起来。"

两个儿子试了试，并没有飞起来，他们用怀疑的眼光瞅着父亲。

牧羊人说，让我飞给你们瞧瞧，于是他张开双臂做小鸟欲飞状上下左右晃动，但最后并没有飞起来。

牧羊人肯定地说："我是因为年纪大了没有精力了，所有才飞不起来，你们还小，只要努力，就一定能飞起来，到想去的地方去。"

儿子们牢牢记住了父亲的话，并一直锲而不舍地努力探索，长大后果然飞起来了，他们发明了飞机。他们就是美国的莱特兄弟。

人才的成长除了一个好的外部环境，更重要的还要有一种坚韧不拔的信念，不放弃自己要成功的理想，不为外力所阻，不为流言所伤。只要你有了这种信念，它就能最大限度地燃烧着你的潜能，向着梦想的天空飞翔。否则，即使你天生是鹰，也只能怀着想飞的理想抱憾终生。

坚定的信念是获取成功的动力。很多时候，成功都是在最后一刻才蹒跚到来。因此，做任何事情我们都不应半途而废，哪怕前行的道路再苦再难，也要坚持下去，这样才不会为自己的人生留下太多的遗憾。

曾经，有两个探险者迷失在茫茫的大戈壁滩上，他们因为长时间缺水，嘴唇裂开了一道道的血口，如果继续缺水，两个人只能活活渴死。

一个年长一些的探险者从同伴手中拿过空水壶，郑重地说："我去找水，你在这里等着我。"接着，他又从行囊中拿出一支手枪递给同伴说："这里有六颗子弹，每隔两个时辰你就放一枪，这样当我找到水后就不会迷失方向，就可以循着枪声找到你，千万要记住了！"

看着同伴点了头，他才信心十足地蹒跚而去……

等待是漫长而痛苦的，尤其是对于这个还很年轻的人来说，因为他不知道自己的同伴能否找得到水，也不知道找到水的同伴能否找得到他。时间在悄悄地过去，每鸣放一枪，探险者心中的弦就好像断掉了一根，10个小时过去了，枪膛里仅剩下最后一颗子弹，还是未见到找水的同伴的踪影。

"他一定被风沙淹没了，或者找到水后撇下我一个人走了……"年轻的探险者绝望地想着，数着分，数着秒，焦急地等待着。口渴和恐惧伴随着绝望潮水般充满了他的脑海，他似乎嗅到了死亡的气息，感到死神正面目狰狞地向他紧逼而来……

终于，他扣动扳机，将最后一颗子弹射出。只不过，这一次他不是射向天空，而是他自己的脑袋。结果，当他的同伴带着满满的两大瓶水循声赶来的时候，看到的是他的尸体。年轻的探险者是不幸的，因为他放弃了坚持，同时也就放弃了自己宝贵的生命。

事情往往都是这样，就是在最接近成功边缘的时候，我们的身体也接近了极限，信念也承受着最后的考验，很多人在这最后的时刻没有坚持住，跌倒在了成功的门前，从而让自己的人生变得遗憾重重。

第五章

跨过恐惧：挣脱自卑的束缚

自卑的人总是不敢走出第一步，面对各种挑战，自卑者会提前丧失勇气，像鸵鸟一样，把头深埋进土里。所以，破除自卑心结的重要一步就是跨过恐惧这道坎，让自己直面挑战和困难。跨过了恐惧，没有了自卑的束缚，我们才能勇敢踏出第一步，而这一步，也是恢复自信的关键。

要战胜自卑，必须直面恐惧

在日常生活中，很多人总会在做某事之前，害怕会失败或受挫折，最终畏惧得不敢去面对，甚至放弃。可以说，恐惧是人生中致使失败最大的因素，要想培养勇气，就首先要改变对待恐惧的态度，只有改变态度后，才有机会从根本上战胜恐惧，赢得最终的胜利。

有位女士因为曾经在一次大会中出了大丑，甚至被很多人嘲笑，致使她从那时开始就不再愿意和外界接触。几年的时间她基本每天都待在家里，不去和外人沟通，也不去外界舒展心情。甚至连有人打来电话，她都恐惧得不去接听，家中的任何需求品她都是靠着丈夫买回家。

有一次，家中需要装修墙柜，要重新刷其他颜色的油漆，可是当油漆工来到她家，因为她不愿和人交流，没有和油漆工说一句话，最后导致油漆工刷错了颜色。她的这种与人打交道的恐惧心理，使得自己的家庭都有些危机，她虽然也想去改变这种状况，但是却总是力不从心，无法抗拒内心的恐惧，害怕交流中被人嘲笑。

终于有一天，她的丈夫要她一起去参加一个她原本很擅长的集体活动，丈夫费尽了口舌，甚至告诉她这个活动不会和人打交道，只是去做她原来很擅长的事，这才将她说动去参加。结果在那次活动中，他们的家庭竟然获得了第二名的好成绩，虽然丈夫告诉她不用和人打交道，但是颁奖典礼却无法摆脱出席的命运。

可谁料到，颁奖嘉宾喊她的名字喊了三次，她才勉强走上了讲台。那时她表现得十分害怕，好像多年没有见过阳光的人乍一下暴露在烈日中一般，这种表现让在场的所有人都大吃了一惊。

当她终于战战兢兢地领完奖品后，她才发现，原来和人打交道并没有如她想象般恐怖，她以前的害怕很多都是曾经的阴影和想象所造成的。这时她才感觉到，世界其实还是非常精彩的。逐渐地，她也开始愿意和外界接触，开始不再畏惧与他人交往了，同时也开始积极地参加各类社会活动。

当她从自己所设定的套子中跳出来后，才发现其实很多事情做起来并不是想象中那么困难，慢慢地，她也开始对生活充满了激情，没过多久，她就又重新找回了曾经自信阳光的自己，不再被恐惧所吓倒。

其实当我们直面恐惧时，就会发现原来吓人的那些事并不可怕，我们害怕的只是迈出那第一步，害怕去体验，而当真正改变对恐惧的态度后，这些原本恐惧的事也就开始变得有些乐趣和简单。人生在世恐惧在所难免，每个人都会有恐惧的时候，当我们被恐惧所笼罩时，就需要去做，用行动来治疗和赶走恐惧，只有这样我们才有重新站立起来的机会。

曾有一位不惑之年的经理人员苦恼地来见心理专家拿破仑·希尔。他负责一个大规模零售部门，他很苦恼地解释说："我非常害怕会失去工作了，我有预感，我离开这家公司的日子不远了。"希尔问道："为什么呢？"

"因为统计资料对我非常不利。我这个部门的销售业绩比去年降低了 7%，这实在是很糟糕，特别是全公司的销售额今年比去年增加了 65%，而我的部门竟然还降低了，最近，商品部经理把我叫去，责备我跟不上公司的进度。我从未有过现在这样恐惧的感觉。"他继续说，"我已经丧失了掌握的能力，我的助理也感觉出来了，其他的主管也觉得我正在走下坡路。好像一个快淹死的人，旁边站着一群旁观者等着我没顶。我猜我是无能为力了，我很害怕，但是我仍希望事情会有转机。"

拿破仑·希尔反问他："只是希望能够有转机吧？"接着希尔停了一下，没等他回答又接着问："为什么不采取行动来支持你的希望呢？"

"请继续说下去。"这位经理说。

"有两种行动可行：第一，今天下午就想办法将那些销售数字提高。这是必须采取的措施。你的营业额下降一定有原因，把原因找出来。你可能需要一次廉价大清仓，好买进一些新颖的货物，或者重新布置柜台的陈列；你的销售员可能也需要更多的热忱。我并不能准确指出提高营业额的方法，但是总会有方法的。最好能私下与你的上司商谈。也许他正打算把你开除，但假如你告诉他你的构想，并征求他的意见，他一定会给一些时间去实施你的构想。只要他们知道你能找出解决的办法，他们是不会做划不来的事情的。"

希尔继续说："还要使你的助理打起精神，你自己也不能再像一个快淹死的人，要让你周围的人都知道你还活得好好的。"

这时，他的眼神又露出勇气。然后他问道："刚才你说有两项行动，第二项是什么呢？"

"第二项行动是为了保险起见，就是去留意更好的工作机会。虽然我认为当你采取积极的改进措施，提高销售额后，工作会保住。但是骑驴找马，比失业了再找工作容易十倍。"

这位经理那恐惧的表情和心情很快就被希望重新打破了，开始展开行动来挽救危机，一段时间后这位经理打电话给希尔："我们上次见过以后，我回来就开始努力改进。最重要的步骤就是改变我的推销员。我以前都是一周开一次会，现在是每天早上开。我真的使推销员们又充满了干劲，大概是看我有心改革，他们也愿意更努力，成果当然出现了。我们上周的周营业额比去年高得多，而且比所有部门的平均业绩也好得多。"

"哦，顺便提一下，还有个好消息，我们谈过以后，我就得到两个工作机会。当然我很高兴，但我都回绝了，因为这里的一切又变得十分美好。"那位经理现在又重新找到了以前的风光，那些恐惧和害怕再也没有找到他的头上，这都是他行动的结果。

其实就如同没游过泳的人站在水边，没跳过伞的人站在机舱门口一样，都是越想越害怕，越看越不敢，每个人处于不利环境时一般都会是这样。治疗恐惧的办法就是动起来，真正地尝试一下，去做一下，真正做起来就会发觉，其实并不是那么害怕，甚至可能在此过程中，还能获得自身突破，真正寻找到自己成功的道路。

挫折并没有你想的那么可怕

　　人生不可能总是一帆风顺，在我们追求卓越的同时难免会遇到挫折和失败，很多人在遇到这些后感觉自己根本无法逾越，随后一蹶不振，慢慢消沉下去；而有些人则会鼓起勇气，扛下挫折和失败所造成的困苦，将之当作生活对自己的磨炼，最终会从这些逆境中走出，而心智也变得更加成熟，距离成功也更近一步。

　　拿破仑的名字无人不知无人不晓，这个小个子科西嘉人带领他的军队横扫了欧洲，并建立了辉煌一时的法兰西帝国，拿破仑没有任何背景却能够取得这样的成就，与他勇敢的性格密不可分。

　　拿破仑出生在地中海的科西嘉岛，那里与世隔绝充满了流血、暴力、屠杀等，在这样的逆境中成长起来的拿破仑，养成了勇敢好斗的性格，他在学校时代，曾经一度是那些贵族子弟嘲笑的对象，尤其是当拿破仑声称自己是贵族后代时，因为他穿着非常不合体，而且口袋里也空空如也，不像那些贵族子弟那么富有，所以更引来了贵族子弟的讥讽，这种嘲笑和打击对于一个十来岁的孩子来说是非常痛苦的，拿破仑用拳头维护了自己的尊严，以后那些领教过他拳头的同学再也不敢冒犯他。这就是拿破仑勇敢面对逆境的第一堂课。

　　随后拿破仑转学到了巴黎军官学校继续求学，在此期间他的父亲过世了，这对他来说是一个沉重的打击，于是他不得不离开学校，到军队服役。他第一次崭露才华是在夺取被叛军占领的土伦城的时候，当时拿破仑被任命为炮兵指挥官，他指挥着他的炮兵队伍一举击溃了叛军，并也因此次战斗所展现出的军事才华，被破格提升为驻意大利炮兵指挥官，从而成为当时法国上下瞩目的人物。

然而正当他踌躇满志崭露头角的时候，不幸却又降临在了他的头上，法国内部发生了政变，拿破仑也被捕入狱。虽然在几天后他就被放了出来，但是他的生活和事业也因此陷入低谷，寒冷和饥饿折磨着他，他被折磨得不成人样，精神几乎到了崩溃的边缘，甚至产生了自杀的念头。

相信如果是别人，很可能会无法忍受这种折磨就此沉沦下去，但是拿破仑却有着无穷的勇气，法国当时风云变幻的政治环境，为他重新出山创造了条件。而拿破仑也没有成为命运的俘虏，他以别人难以想象的毅力和勇气，度过了自己人生中最黑暗的一段时光。

随后，他的机会来临，他接受了镇压叛军的任务，仅仅通过一次交战，叛军就变得溃不成军，他又重新成为人民心中的英雄，从此之后，展现在拿破仑面前的是一条康庄大道。在一次次的交战中，拿破仑获得了巨大的声誉和更多人的支持。终于他内心对于权力的渴望被激发了出来，1804年他加冕成为法兰西帝国的皇帝。

虽然最终拿破仑因为过于好战，被政治流放，但是他在面对困难时所展现出来的勇气和毅力，却能够让他在逆境中不断奋进，创造了属于自己的辉煌。

在人生路上挫折和风浪难免会阻碍我们前进，很多人成功就是因为勇气为他们指引了方向，跨过了那重重阻碍，勇气是激发我们内心潜能的最佳媒介，当我们敢于面对那些挫折和失败时，它们甚至会因为我们的勇气而自动让出供我们通过的道路。

克莱斯勒是美国著名的汽车公司，自1919年诞生伊始，就跻身美国汽车行业的前列，与著名的福特、通用汽车公司鼎足而立，它生产的车因性能优越而驰誉汽车市场。然而，到了20世纪中期，克莱斯勒公司却因经营不善、盲目发展，已连续三个季度亏损，亏损额高达1.6亿美元。克莱斯勒有史以来从没这么糟糕过，它陷入了绝境，当时无计可施的克莱斯勒董事长李嘉图只好来请著名企业家艾科卡救难。

艾科卡只提出了一个条件："克莱斯勒公司必须让我放开手脚去干。这不仅仅是财政方面，我要求的是要按我的主张办任何事。"李嘉图很痛快地答应了他的要求："这个公司只能有一个老板。如果你跟我们一起干，那就是你。"

艾科卡上任了，担任克莱斯勒公司董事长。当艾科卡着手了解公司内部存在的问题时，才发现事情糟糕的程度超过了他的预料。那里秩序混乱，纪律松散；现金周转不灵；副总经理不称职；没有人指挥调度；车型失去吸引力；车辆不安全等，积重难返。特别是公司的副总经理竟有35人之多，每个人都有一块小地盘，每个人都是一个独立的小王国。公司上下左右之间不存在明确的隶属、咨询关系。

令艾科卡最为恼火的是，公司内根本不存在一个可以信赖的信息收集和传输系统，根本无法依据输送上来的信息做出正确的判断与决策。

艾科卡清楚地意识到，挽救克莱斯勒公司的头等大事，莫过于建立一个有效的领导班子和重振员工的斗志。但是若想将陷入低谷的克莱斯勒挽救回来，必须拥有极大的勇气和毅力，艾科卡知道，如果自己没有果敢地去完成此事，那么克莱斯勒就会被埋没在世界的潮流中。于是他鼓起勇气下定决心整顿克莱斯勒，在董事会的支持下，艾科卡在公司内外采取了一系列令人瞠目结舌的措施。

他先在公司的管理机构上做出了常人不敢想象的改革，在 3 年之内，他把 35 位副总经理解雇了 33 位，同时又从外面招聘了一批他所熟识的、精明强干的人物。

艾科卡请来的都是些在逆境中敢于迎接挑战的人，他们是一批只要认准了方向，在任何艰难困苦中都不会屈服的人，因此很快就在公司中起到了中流砥柱的作用。

随后，艾科卡制订了一个制造 K 型车的计划，这种车能让乘客非常舒服，只需四个缸就能跑得很好。虽是小型车，但是破天荒地能载六个人，而且线条非常优美。K 型车的推出，使克莱斯勒起死回生，使这家公司名副其实地成为在美国仅次于通用汽车公司、福特汽车公司的第三大汽车公司。

但是计划没有变化快。1979 年 1 月 16 日，石油危机爆发了，汽油价格暴涨，整个美国一头栽进了经济衰退的深渊，这使得本来就不堪一击的克莱斯勒公司雪上加霜，顿时陷入又一个困境。克莱斯勒公司是生产娱乐车辆及住房车辆的最大厂家，这些车都是非常耗费汽油的车型，石油危机的灾难使得克莱斯勒的这些车型最先遭殃。石油危机爆发后的半年时间，他们给娱乐车厂家生产的底盘及发动机几乎一台也没有卖出去。这对于拥有14万雇员，开支巨大的克莱斯勒公司来讲，已经到了生死存亡的紧急关头。

作为公司最高统帅的艾科卡，意识到如今自己只能勇敢地挑起责任，于是，他做了一个大胆的决定：那就是对克莱斯勒公司全面改革，在有限的时间内尽可能多挽救一些公司的状况。

他关闭或出卖了一批已成为公司包袱的工厂；并从上到下进行了大裁员，而仅经过两次大裁员，就使公司每年减少了近5亿美元的花销；同时为了激励广大员工的斗志，艾科卡又宣布最高管理层各级人员减薪百分之十，而他自己的年薪只是象征性的一美元。

他的做法感动了工会主席和十几万员工，使他们自觉地为拯救公司而努力工作；并且，艾科卡还在处理缺勤者方面得到了工会的支持，他把工会主席杜格·弗雷泽请进了董事会，让工会主席从经营管理的角度直接了解克莱斯勒公司的情况，使之既为工人着想，又为企业分忧，指导公司如何最大限度地减少混乱和损失，并在工会的协助下强制执行了一些处罚长期缺勤者的规定。

经过了艰苦卓绝的三年奋斗后，在艾科卡的带领下，克莱斯勒公司终于真正起死回生，他又重新召回了已被解雇的工人，甚至吞并了属于福特公司的一些市场。

1983 年，艾科卡把他生平仅见的面额高达 8.1348 亿美元的支票，交到了银行代表手里。至此时，克莱斯勒还清了所有债务。并且公司的经营纯利润达到了 9.25 亿美元，创造了克莱斯勒有史以来的最高纪录。

1984 年，克莱斯勒公司赚取了 24 亿美元利润，比这家公司前 60 年的总和还多。这是 20 世纪最富传奇色彩的企业神话故事，克莱斯勒身患绝症，艾科卡勇猛顽强，紧急拯救克莱斯勒，使得克莱斯勒起死回生，重新拥有了辉煌。

对于真正的强者来说，挫折并不会击垮他们追求梦想的决心，反而会更加铸就他们坚定的信念。我们若想将命运把握在自己手里，就要做到勇敢地面对挫折，不畏失败，顽强拼搏，即使失败过，也要勇敢地重新站立在挫折面前，努力奋斗，这样才能在人生路上闯出属于自己的一片天地。

1706 年 1 月 17 日，本杰明·富兰克林出生在北美洲的波士顿。富兰克林八岁入学读书，虽然学习成绩优异，但由于他家中孩子太多，父亲的收入无法负担他读书的费用。所以，他到 10 岁时就离开了学校，回家帮父亲做蜡烛。富兰克林一生只在学校读了两年书。12 岁时，他到哥哥詹姆士经营的小印刷所当学徒，自此他当了近 10 年的印刷工人，但他的学习从未间断过，他从伙食费中省下钱来买书。

就是在当学徒的这段时间里，富兰克林把在学校曾两度考试不及格的算术学了一遍，又读了赛勒和舍尔梅的关于航海的书，从这些航海的书里，他接触到了几何学知识。1736 年，富兰克林

117

当选为宾夕法尼亚州议会秘书。

1737 年，富兰克林任费城副邮务长。虽然工作越来越繁重，可是富兰克林每天仍然坚持学习。为了进一步打开知识宝库的大门，他孜孜不倦地学习外国语，先后掌握了法文、意大利文、西班牙文及拉丁文。他广泛地接受了世界科学文化的先进成果，为自己的科学研究奠定了坚实的基础。

1746 年，一位英国学者在波士顿利用玻璃管和莱顿瓶表演了电学实验。富兰克林怀着极大的兴趣观看了他的表演，并被电学这一刚刚兴起的科学强烈地吸引住了。随后富兰克林开始了电学的研究。

富兰克林在家里做了大量实验，研究了两种电荷的性能，说明了电的来源和在物质中存在的现象。

在一次实验中，富兰克林的妻子丽德不小心碰到了莱顿瓶，一团电火闪过，丽德被击中倒地，面色惨白，足足在家躺了一个星期才恢复健康。

这虽然是实验中的一起意外事件，但思维敏捷的富兰克林却由此而想到了空中的雷电。他经过反复思考，断定雷电也是一种放电现象，它和在实验室产生的电在本质上是一样的。

于是，他写了一篇名叫《论天空闪电和我们的电气相同》的论文，并送给了英国皇家学会。

但富兰克林的伟大设想竟遭到了许多人的嘲笑，有人甚至嗤笑他是"想把上帝和雷电分家的狂人"。

富兰克林决心用事实来证明一切。

1752 年 6 月的一天，阴云密布，电闪雷鸣，一场暴风雨就要来临了。

富兰克林和他的儿子威廉一道，带着上面装有一个金属杆的风筝来到一个空旷地带。富兰克林高举起风筝，他的儿子则拉着风筝线飞跑。由于风大，风筝很快就被放上高空。刹那间，雷电交加，大雨倾盆。富兰克林和他的儿子一道拉着风筝线，父子俩焦急地期待着。

此时，刚好一道闪电从风筝上掠过，富兰克林用手靠近风筝上的铁丝，立即掠过一种恐怖的麻木感。他抑制不住内心的激动，大声呼喊："威廉，我被电击了！"随后，他又将风筝线上的电引入莱顿瓶中。

回到家里以后，富兰克林用雷电进行了各种电学实验，证明了天上的雷电与人工摩擦产生的电具有完全相同的性质。

风筝实验的成功使富兰克林在全世界科学界声名大振。英国皇家学会给他送来了金质奖章，聘请他担任皇家学会的会员。他的科学著作也被译成了多种语言。他的电学研究取得了初步的胜利。

然而，在荣誉和胜利面前，富兰克林没有停止对电学的进一步研究。

1753 年，俄国著名电学家利赫曼为了验证富兰克林的实验，不幸被雷电击死，这是做电实验的第一个牺牲者。血的代价，使许多人对雷电试验产生了戒心和恐惧。但富兰克林在死亡的威胁面前没有退缩，经过多次试验，他制成了一根实用的避雷针。

他把几米长的铁杆，用绝缘材料固定在屋顶，杆上紧拴着一根粗导线，一直通到地下。当雷电袭击房子的时候，它就沿着金属杆通过导线直达大地，房屋建筑完好无损。

1754年，避雷针开始应用，但有些人认为这是个不祥的东西，违反天意会带来旱灾。就在夜里偷偷地把避雷针拆了。然而，科学终将战胜愚昧。一场挟有雷电的狂风过后，大教堂着火了；而装有避雷针的高层房屋却平安无事。事实教育了人们，使人们相信了科学。此后，避雷针相继传到英国、德国、法国，最后普及世界各地。

富兰克林的成功正是因为他勇于挑战，众多人在自然雷电的威胁下退缩了，富兰克林却依然面对威胁勇敢前进，最终发明了避雷针。世界上没有任何一条万无一失的成功之路，因为事物难免会充满无限的随机性，也充满了变化，让我们难以捉摸，这种情况下，敢想敢做就成为我们最宝贵的财富，也只有敢想敢做，不再怯懦，我们才能够更加接近成功，并最终获得成功。

乐观面对失败

失败是常见的，没有失败的人生，在这个世界上微乎其微。因此，失败对于打开人生局面也是有益的。一个人要想打开自己人生的局面，必须了解自己，战胜自己。要做到这两点，必须靠积极的心态去面对失败，不能用消极的情绪度过每一天。清晨，当你睁开眼睛时，是否经常想：人活着是一件多么美妙之事！又一个多么愉快的早晨！我从未感到如此开心！我想今天一定会是美好的一天。

找回自己小时候那种吹口哨的心情，使之成为你此刻面对失败的态度。找回那种内心深处完全自然、毫不做作的乐趣。其实，真正的乐趣并不是表面上的，或随时可见的，而是一种发自内心的感觉。你是因你的处境和你所做的事而感到深深的幸福。倘若你暗中注意这种人，就可以发现他们总是在唱歌或吹口哨。

这正是积极面对失败的关键所在。其实，万物早已存在，当你觉得心情舒畅时，你会情不自禁地表现出快乐的神情，同时会欣赏万物，心中的幸福感会油然而生。心理学家亨利·C.林克博士说，当他看到病人沮丧时，他会要求病人先沿着街道快步疾走一番。"快快地走，绕街道走十圈。这样走动可以锻炼大脑的活动中心，使你的血液从情绪中心流泻出去。而当你走回来后，你会变得较理性，而且比较能接受积极思想。"

一个晴朗的星期天下午，一位先生和他的太太露丝还有小女儿丽莎一起去散步。他们在一起很快乐，玩得很开心。他们沿着公园走着，步履轻快，挺胸抬头，兴致高涨。"抬头挺胸走路真有趣！"他们齐声说。

他们走了一里多的路，觉得全身舒畅，充满活力。当他们走过第五大街上的莱特大厦和古根汉姆博物馆时，丽莎说："看，多美啊！"以前，这位先生从没想过这些建筑物有多特别，丽莎一说，他便抬头又看了一次，这时，他才真正了解伟大的建筑师莱特注入这个建筑中的人生乐趣。它高高的尖顶直入云霄，真正传达着一种振奋和快乐。他第一次觉得自己开始喜欢上它了，而这可能是他当时的一种发自内心的感觉。

你的身体健康状况与你是否能享受生活有关系。当你精神振奋，心境开阔，容光焕发时，生命也便呈现出新的意义。适量地运动及休息，是心情愉悦的必要因素。

所以，要获得人生深度的乐趣，首先要感觉正确，而要想让自己的感觉正确，就必须好好对待自己的身体。

其次是要思想正确。要好好对待自己的心灵，积极地思考。一个积极思考者常会有意识地使自己保持心情愉悦。你期望快乐，便会找到快乐。你寻找什么，便会发现什么。这是人生的基本法则。开始找寻快乐吧，你一定不会失望的。

凡是能往前看的人，期待将会发生伟大事情的人，他们一定是幸福快乐的人。

决定一个人是否抵挡住失败的是一种心态。你的内心状况决定你是快乐、积极，还是悲观、消极。安东尼奥斯说过："倘若一个人不认为自己是快乐的，他就不可能快乐。"菲尔普斯也说："世界上最快乐的人是那些具有有趣想法的人。"因此，倘若你不快乐，你必须先对你的思想来一次彻底的改造，进而才能彻底享受人生的乐趣。倘若你的心中充满了愤懑、怨恨、自私或者灰色思想，当然，一切快乐的光芒便无法穿越。你需要改变精神生活，采用另一种积极向上的态度，然后，才能真正获得人生的乐趣。

有些人也许会问："老天生来就待我不公，我生下来就有生理缺陷，那我该怎么办呢？"倘若你属于这类"不幸者"，那就想想海伦·凯勒的人生经历吧！还有谁能比一个又聋、又哑、又瞎的女孩更为不幸的呢？可她成了美国著名的作家。也许你又觉得这是世上仅有，那就让我们看看下面这则平凡人物的故事吧！

有一个名叫丹普赛的孩子，他生下来就是一位畸形人，四肢不全，只有半边有足和一只右臂的残端。作为一个孩子，他想跟别的孩子一样从事运动。他喜欢踢足球。他的父母就给他做了一只木制的假足，以便使他能穿上特制的足球鞋。丹普赛一小时接着一小时、一天接着一天地用他的木脚练习踢足球，努力在离球门愈来愈远的地方将球踢进去。后来，他变得极负盛名，以至新奥尔良的圣哲队都愿意雇他为球员。

一次，当丹普赛用他的跛腿在最后两秒钟内、在离球门63码的地方破网时，球迷的欢呼声响遍了全美国。这是职业足球队当时踢进的最远的球。这次比赛，圣哲队以19比17的比分战胜了底特律雄狮队。

底特律雄狮队的教练施密特说："我们是被一个奇迹打败的。"对许多人而言，这的确是一个奇迹。

丹普赛的故事很有趣。

不论你在生理上是否有残疾，不论你是儿童还是成人，从丹普赛的故事中，你都能得到反败为胜的启示：

第一，那些能够产生强烈的愿望以达到崇高目标的人，才能走向伟大。

第二，那些以积极的心态不断努力的人，才能取得并保持成功。

第三，在人类的任何活动中，要变成一个成熟的成功者，就必须实践、实践、再实践。

第四，当你有了特殊目标时，努力和劳动就会变成乐事。

第五，对那些被积极的心态所激励，要成为成功者的人而言，伴随着任何逆境，都会同时产生一粒等量或更大利益的种子。

要学习和应用这些原则，将那不可见的法宝上印有"积极心态"字样的那一面翻上来。

亨利写过这样的诗句：

"我是失败的主人，我主宰自己的失败心灵。"

是的，只有你才是自己命运的主人，只有你才能把握自己改变失败的机会。

失败时也可以挺起胸膛

在我们的人生路上，难免会面对各种诱惑，各种困难，各种挫折，甚至会犯下各种错误，但是我们的进步同样是这些诱惑、困难、挫折甚至错误所造就的，如果我们面对这些障碍，选择逃避，那只会多走很多弯路，却无法让自己更近成功一步，甚至会因为逃避这些造成自己心理有些阴影。要不断进步，最终成功，我们就要不断告诉自己：逃避无法战胜失败。只有选择面对，勇于挑起责任，才能有所收获。

1920年，有一个11岁的小男孩在自己门前的空地上踢足球，可是一不小心，那踢出去的球不偏不倚地打碎了邻居家新装的玻璃窗。当时愤怒的邻居向惊慌失措的男孩索赔 13 美元，当时 13 美元是一笔不小的数目，能够足足买上百只可以生蛋的母鸡。这个数字对于只有 11 岁的小男孩，对于每天只有几美分零花钱的他来说是一个根本不敢想象的天文数字。

男孩自己没有那么多钱，闯下了大祸的他只得向父亲讲了这件事，期望父亲能够替他担负起这份他无论如何都无法承担的责任。

可是没想到的是，一直宠爱他的父亲却没有为他的过失负责，他不打算让男孩逃避这份应该他自己担起的责任。

男孩知道了父亲的打算后，为难地对父亲说："可是我哪有这么多钱赔给人家？"

他的父亲没有再难为他，拿出了 13 美元，但是却严肃地对他说："这笔钱我现在可以先借给你，但是在一年之后这笔钱你必须还给我，因为，承担自己的过错是一个人的责任，是责任你就不能够选择逃避！"

男孩将从父亲那儿借来的钱付给邻居后，就开始了他的艰苦打工生活。他为了多挣些钱争取一年内还完那笔钱，只得放弃了平日里热衷的游戏，放弃了以前用以玩耍休息的业余时间，用以做所有他力所能及的工作。经过半年的努力，他终于攒够了 13 美元，并把它还给了父亲，这也是他第一次，担负起属于自己的责任，没有选择逃避。

等他长大后，大学刚毕业的时候，正好赶在了经济大萧条时期，他的父亲在这个时候破产了。所以他主动负担起了整个家庭的生活，并资助了他的哥哥重回学校学习。

后来他成为一名电视节目主持人，在他处于人生巅峰时，出于强烈的责任感，他没有逃避自己的责任，而是公开批评了他所在电视台的最大赞助商通用电气公司，但是也因此他不得不离开电视界，从此投身了政界。

在他获得了自己梦想的职位后，又一次经济危机却使得他前路茫茫，但是他仍然没有逃避，而是坚定地扛起了这份引领世界第一强国走出困境的责任。他的名字叫罗纳德·里根——美国第49届总统。

人们往往对于错误或责任怀有恐惧，于是选择逃避，殊不知如果一旦选择逃避，就会使得自己的心理变得软弱，甚至会让自己退步。只有勇敢挑起责任，不去逃避，才能建立起长期的自信，让我们有勇气面对一切困难，从而跨过任何困难，披荆斩棘大跨步走向成功。不逃避，勇于承担责任是我们从平凡步入卓越的最基本的品质，也是最重要的一步。

一位公司总裁因为年事已高，于是想找一个合适的人选来接替自己的位置，一天他开车回老家的路上碰到了一个年轻小伙子正在庆祝自己的新房落成，满院子挤满了前来庆贺的邻里老乡，大家举杯交盏，院子里异常热闹。总裁看到这个情形，也留下来去凑热闹，然而正当大家都开怀畅饮时，只听轰隆一声，年轻人新盖的房子竟然崩塌了一块。

不过所幸大家都在院内欢饮，没有人员伤亡，总裁也吓了一跳。年轻人的父母更是看到好不容易盖起的新房崩塌，伤心地号啕大哭，众乡亲邻里也都为年轻人叹息。

可是令大家没有料到的是，作为主人的年轻人却没有过于伤心，而是重新举起酒杯对大家说："没有关系，这房子塌了说明我将来一定会住上比这更好的房子，我能够挣钱盖起这样的房子，就有信心盖起更好更大的房子。可能如果这房子不塌，我一辈子都会住在这所房子里，不再继续努力了呢！现在请大家为我今后能过上更好的生活干杯！"

乡亲们听年轻人这么一说，也就不再叹息。

总裁问过身边人才知道，原来这位年轻人高考失败后，就自己挑起了家中的担子，出门打工挣钱养活自己的父母，并攒下钱来盖起了这个房子，虽然年轻人吃了很多苦，但是从来没有逃避过，总是积极乐观地面对生活。

总裁感觉这个年轻人是个可造之才，于是回公司后马上就写了一封信给年轻人，让年轻人来到公司任职，并从那时起开始培养他。

多年后，总裁退休时极力推荐这位青年接替自己的位置，不过却遭到了董事会的反对，嫌青年没有足够的学历和阅历。

但是总裁说："一个人的学历和阅历都是可以慢慢学来的，可以慢慢增长，但是一个人的责任心和永不逃避的精神却不是时间可以给予的。我选择他正是因为我知道，不管在任何情况下他都不会逃避自己的责任，不会对自己失去信心，即使公司陷入困境，他同样有勇气带领公司东山再起！"

总裁说得不错，年轻人最终还是被董事会同意接替了总裁的位置，并且在以后的日子带领着公司创出了以前没有过的辉煌。

有很多人在困难和挫折面前总会畏惧，甚至选择逃避和后退，这样的人缺乏信心和勇气，会常常抱怨自己的不幸，却宁愿自己忍受痛苦也不去主动追求成功，可以说这样永远都不会获得成功。成功只会青睐那些敢于面对困难，不会逃避，勇于承担责任的人，若我们想要自己的人生更加卓越，就要有胆有识，不要去逃避属于自己的责任，因为逃避永远不会战胜失败，只会让你更加落魄。

敢于跨出那一步

俗话说：人往高处走，富贵险中求。世界上没有哪件事情可以没有一丝风险，因为风险与机遇并存，所以风险很小的事甚至没有风险的事，即使做好，取得的成就也是微乎其微的。只有发扬自己的冒险精神，才能够取得更大的成功。如果我们想成就自己的一番事业，丰富自己的卓越人生，就必须拥有冒险精神，勇于冒险是成功者抓取机会的良机。

比尔·盖茨，美国微软公司董事长，他从退学建立微软，到超越华尔街股市大亨沃伦·巴菲特成为世界首富，只用了 20 年的时间。在比尔·盖茨看来，成功的首要因素就是冒险，在任何事业中，如果把所有风险消除掉的话，自然也会把成功的机会消除掉。

盖茨的父亲这么评价他："在他的班级里有许多聪明的孩子，他或许不是最聪明的，但他很早就表现出令人惊异的冒险性。举手投足间，都显示着他的思想非常具有开拓性。"其实盖茨从学生时代就已经开始培养自己的冒险精神了，他在哈佛的第一学年就故意制订了一个策略：多数的课程都逃课，然后在临近期末考试的时候再拼命地学习。他做得很成功，通过这个冒险他发现了一个优秀企业家应该具备的素质：用最少的时间和成本来得到最大的回报。

也正是因为这种冒险精神，盖茨才敢于从哈佛退学来开拓自己的事业。微软公司建立初期，DOS 和 Windows 软件是搭配在个人电脑上的，这样就使得消费者认为这些软件是完全免费的，从而使得 Windows 系统在市场上的占有率一度高达 90%。在微软公司推出 DOS 系统时，IBM 也在与其他几家软件公司进行合作，但是操作系统都是作为配件选购的，消费者可以自行决定购买哪种产品。

为了能够占领市场，盖茨常常会不惜一切代价，其凶悍的手段常令对手防不胜防，甚至因为此性格他被他人骂作红眼。在他占领 DOS 市场时，其他软件的价格一般都在 50 ~ 100 美元之间，而盖茨却用几乎免费的价格推出了自己的产品，这个做法致使许多在技术上更加完善的操作系统也不得不在他如此强烈的进攻下黯然退出了历史舞台。很多软件业内人士曾经无奈地表示：最好的软件市场就是没有比尔·盖茨的市场，可惜的是，在信息产业界，他的阴影无处不在。

真正让盖茨成为世界首富的是 Windows 系统的图形界面，但是这个软件却不是盖茨和微软创造出来的，而是由苹果电脑公司所开发。只不过当盖茨发现这个杰出的创意后，就开始毫不留情地亦步亦趋，甚至到最后甘愿冒着打官司的风险进行模仿，最后没用多长时间，微软的模仿版软件就独霸了这一块市场，而苹果的正版却被挤到了一个狭小的专业空间苟延残喘。之后微软又不断地推出新开发的办公软件，操作系统也逐渐成为电脑产业的主打标准，盖茨的这种冒险挺进的精神，让他迅速占领了软件业一大块市场，短期内就为他积累了大笔的财富。

比尔·盖茨深谙高风险就有高回报的理论，但是盖茨的冒险不是盲目的，在冒险前他总会对形势做一个全面彻底的分析，很多其他公司都会在豪赌冒险的时候一蹶不振，但微软却从没犯过错，因为微软从来不做领头羊，他总是第二个进入市场，吸取前人的经验教训后，踩着前人的经验，才不会重蹈前人失败的覆辙。无疑比尔·盖茨是非常成功的冒险家，他从不会被冲动冲昏头脑，而是冷静地进行分析，最终成为最大的赢家。

冒险就是一种高级的艺术，任何一项改变现状的探索，都需要一种冒险精神，而成功者存在的价值，就是在各种条件还不完善和成熟的情况下，有勇气进行冒险，做出最佳判断从而进行最正确的决策。当然冒险也有着很大的失败率，但是所有的成功者都是拥有一定的冒险精神的，如果在追求卓越人生的过程中你没有一点儿冒险精神，没有勇气去冒险，那么就只能在安逸中失去激情和活力，最终平庸度过一生。

美国运输业巨头科尼利斯·范德比尔在最初创业时同样面临着选择，他没有急功近利，而是认真考察了一番当时社会上的各个行业，最终从汽船行业看到了自己的希望所在，于是就全力投入了这项事业。当时他这一项冒险之举让周围的人非常震惊，因为在此之前他有一个蒸蒸日上的事业，而且当时的汽船行业并不被人看好，选择此行业的人并不多。当一名船长，仅仅享受着年薪一千美元的待遇，在很多人看来，这是很不明智的选择，也是冒险冲动的选择。

不过当时范德比尔选择汽船行业是因为他看到，汽船在纽约水面上的航行专有权利被文斯顿和富尔顿所拥有，这是非常不合理的做法。在他看来，该法令根本就不符合美国宪法的精神。于是他在投入这个行业后，第一件事就是努力要求政府取消这条法令，令人没有想到的是，他竟然成功了，没过多久，他就拥有了自己的第一艘汽船。

在当时，美国政府总要为往来于欧洲的大量邮件付出巨额的支出，而善于判断并积极主动争取机会的范德比尔却向政府表示他愿意免费为政府服务，这个决定在别人看来无疑是太过冒险了，稍有不慎他可能就要为自己的选择付出很大代价，不过这对于政府来说，无疑是一件天大的好事，而且在范德比尔看来，这个选择对自己来说并不吃亏。

因为靠着这样的做法，他可以建立起很庞大的客运和货运体系。所以很快，他在汽船行业就开始崭露头角了。

此时他又发现，如美国这样一个庞大的地域辽阔且人口众多的国家，铁路运输明显有着非常庞大的需求。于是他又开始涉足铁路运输事业，同时也经营着自己的汽船行业。

最终，他这个看似冲动的决定，让他在美国建成了四通八达的科尼利斯·范德比尔铁路网络，同时也为他带来了巨大的收益。

风险在成功的路上犹如一把双刃剑，风险越大其获得的收益就越大，而成功的指数也就越高，有的人在此过程中不敢冒险，害怕承担风险，就会任凭机遇与自己擦肩而过，而有的人在此过程中却敢于冒险，用超人的胆识承担了风险，捕捉到了风险中隐藏的机遇，从而获得巨大的成功。

要知道，机不可失，时不再来，如果我们没有冒险精神，没有勇气去做别人不敢想不敢去做的事，那么我们也只会走在大众的身后，让机会白白流失，只有鼓起勇气，做勇者去甘愿冒险，才能争取到改变命运的机会。

失败后，你获得了什么

在人生前进的途中，一定不会一帆风顺，很可能在过程中我们会不断失败，这些失败有些是来自我们自身的不足，也有些是由于环境的影响，不过失败并不可怕，怕的是我们面对不断失败后无法继续奋力前行的心态。

爱默生曾说过："伟大高贵人物最明显的标志，就是他有坚定的意志，不管环境变化到何种地步，他的初衷与希望仍然不会有丝毫的改变，而终至克服障碍，以达到所期望的目的。"

可以说，任何人的成功都是在失败的废墟上不断攀升得到的，只要我们能够面对失败不气馁，那么成功就会离我们越来越近。

世界顶尖电影巨星席维斯·史泰龙出生在美国纽约的贫民区。

史泰龙的家庭是一个酒赌暴力家庭，父亲赌输了就拿他和母亲撒气，母亲喝醉了酒又拿他来发泄，他常常是鼻青脸肿，皮开肉绽。因此他的面相很不美，学习也并不好。

高中毕业后，史泰龙辍学在街头当起了混混儿，直到20岁那年，有一件偶然的事刺痛了他的心。"再也不能这样下去了，要不就会跟父母一样，成为社会的垃圾，人类的渣滓！我一定要成功！"史泰龙开始思索规划自己的人生：从政，可能性几乎为零；进大公司，自己没有学历文凭和经验；经商，穷光蛋一个，根本没有本钱……

很多工作他都想到了，但是他发现没有一个适合他的工作，于是他便想到了当演员，做演员不需要资本、不需要名声，虽说当演员也要条件和天赋，但他就是认准了当演员这条路！

可是史泰龙显然也不具备做演员的条件，而且他还没有好的面相，长相很难使人有信心，且又没有受过任何专业训练。然而史泰龙就认准了做演员，他感觉当演员是他今生唯一一个出头的机会。

于是，史泰龙来到了好莱坞，找明星、求导演、找制片，寻找一切可能使他成为演员的人，四处哀求："给我一次机会吧，我一定能够成功！"可他得来的只是一次次的拒绝。

但是他知道，失败定有原因，每被拒绝一次，他就会认真反省一次："世上没有做不成的事！我一定要成功！"史泰龙依旧痴心不改，一晃两年过去了，他遭受到了一千多次的拒绝，身上的钱花光了，他便在好莱坞打工，做些粗重的零活以养活自己。

失败这么多次使得史泰龙有些怀疑："我真的不是当演员的

料吗？难道酒赌世家的孩子只能是酒鬼、赌鬼吗？不行，我一定要成功！"史泰龙暗自垂泪，失声痛哭。

他想，既然直接当不了演员，那么能否改变一下方式呢？史泰龙开始重新规划自己的人生道路，他开始写起了剧本，待剧本被导演看中后，再要求做演员。

两年多在好莱坞的耳濡目染，两年多的求职失败经历，每一次拒绝都是一次口传心授，因此他具备了写电影剧本的基本知识，现在的史泰龙已经不是过去的他了。

一年后，剧本写出来了，他又拿着剧本四处遍访导演："让我当男主角吧，我一定行！""剧本不错，当男主角，简直是天大的玩笑！"他又遭受了一次次的拒绝。

"也许下一次就行！我一定能够成功！"一次次失望，一个个心中的希望又支持着他！

在他遭到一千八百多次拒绝后的一天，一个曾经拒绝他二十多次的导演终于给了他一丝希望："我不知道你能否演好，但你的精神一次次地感动着我。我可以给你一次机会，但我要把你的剧本改成电视连续剧，同时，先只拍一集，就让你当男主角，看看效果再说。如果效果不好，你便从此断绝这个念头！"

为了这一刻，史泰龙进行了三年多的准备，如今的一个机会终于可以让他一展身手，史泰龙丝毫不敢懈怠，全身心地投入其中。终于第一集电视连续剧上映之后，他成功了，他创下了当时全美最高的收视纪录！

史泰龙面对失败和拒绝没有气馁，更没有退缩，而是借助一次次失败不断丰润自己，寻找一切机会向自己的目标奋进。他正是踩着失败的残砖断瓦，逐步迈上了成功的舞台。人的一生中失败总会不断伴随，关键的是我们需要有勇气面对失败，将失败踩在脚下，将其踏成我们追逐成功的垫脚石，只有勇敢地不断奋进，才能最终战胜重重失败，真正获得属于自己的成功。

英国史学家卡莱尔费尽心血，经过多年的努力，总算完成了《法国大革命史》的全部文稿，他将这本巨著的原件送给他的朋友米尔阅读，请米尔批评指教。因为他非常信任米尔，所以期望米尔能够让他的文稿更加完善。可是令他没想到的是，厄运却悄悄地逼近了他。

隔了几天，米尔脸色苍白浑身发抖地跑到卡莱尔家，他向卡莱尔报告了一个悲惨的消息：原来《法国大革命史》的原稿，除了少数几张散页还存留外，已经全被他家里的女佣当作废纸，丢入火炉化为灰烬了。

卡莱尔险些被这突如其来的打击击垮，他感觉到非常绝望，因为这部《法国大革命史》是他呕心沥血所撰写的，而且当初他每写完一章，就会随手把原来的笔记撕成碎片，所以这部文稿根本没有留下任何可以挽回的记录。

但是在得知了此事已经无法挽回后，卡莱尔没有就此沉沦，而是重新鼓起了勇气，勇敢地开始挑战自己，他重新振作了起来，很平静地对自己说："这一切就像我把笔记簿拿给小学老师批改时，老师对我说：'不行！孩子，你一定要写得更好些！'既然文稿被烧掉了，那就当作是文稿没有让其他人满意吧。"

第二天，卡莱尔又重新买来了一大摞稿纸，从头开始了又一次呕心沥血的写作。终于在一段时间后，《法国大革命史》的新文稿就问世了，我们现在所读到的《法国大革命史》，正是卡莱尔重新写过的第二次成果。

爱默生曾说："千万不要绝望，即使绝望了，在绝望中仍要继续做下去。"

卡莱尔的从头再来，就是在绝望中重新崛起的代表。我们在人生路上，肯定也曾遭遇过必须一切从头再来的打击，这是一种彻头彻尾的失败，但是如果我们不能像卡莱尔那样，平静地告诉自己，我可以从头再来，而是暗自悲叹命运不公，那我们的成功步伐也必定会在此处驻足。

只有勇敢地直面这种噩运和失败，因为悲叹根本于事无补，重新鼓起勇气打起精神，再接再厉死中求生，才会孕育出新的契机和新的希望，我们要如此安慰自己：下一次，我们一定可以做得更好。

逆境中也有出路

一个人要想成就一番事业，走出卓越人生，就必须心无旁骛、全神贯注地追逐既定的目标。在漫漫人生路上，当我们难以驾驭自己的懒惰和欲望，不能专心致志地前行时，不妨鼓起勇气斩断所有的退路，逼着自己全力以赴地寻找新的出路。成功需要决心、勇气和专心致志。没有退路，才会有出路。往往只有不留下退路，才更容易找到出路，最终走向成功。

古希腊著名演说家戴摩西尼年轻的时候为了提高自己的演说能力，躲在一个地下室练习口才。但是由于年轻气盛，所以他根本耐不住寂寞，时不时就想出去溜达溜达，心也总是静不下来，练习的效果很差。

最终无奈之下，为了能够达到预期的效果，他横下心，挥动剪刀把自己的头发剪去了一半，变成了一个怪模怪样的阴阳头。这样一来，因为他的模样羞于见人，很容易被人嘲笑，所以他就这样将自己偷懒玩耍的退路给完全堵死了，于是他只得彻底打消了出去玩的念头，一心一意地练习口才，演讲水平突飞猛进。正是凭借这种敢于斩断退路，专心执着的精神，戴摩西尼最终成为世界上著名的大演说家。

1830 年，法国作家雨果同出版商签订合同，半年内交出一部作品，为了确保能把全部精力放在写作上，雨果便把除身上所穿的毛衣以外的其他衣物全部锁在了柜子里，然后把钥匙丢进了小湖。就这样，由于根本拿不到外出要穿的衣服，他彻底断了外出会友和游玩的念头和退路，只得一头钻进小说创作里，从那以后他除了吃饭和睡觉，从不离开书桌，结果作品提前两周就脱稿了。而这部仅用 5 个月时间就完成的作品，就是后来闻名于世的文学巨著《巴黎圣母院》。

在人生路上，没有退路的时候，想找到出路，没有坚定的信念和视死如归的精神是不行的。当我们面临仅有的一条路的境遇时，往往也是我们最容易成功的时候，因为没有退路，只得全力以赴。对自己残忍一些，鼓起勇气砍断自己的退路，就会毫无杂念地努力前行，自然更容易获得成功。

2004 年雅典奥运会跳水冠军胡佳被称作拼命三郎，为了这次等了 4 年的奥运会冠军梦，他知道自己只能拼，没有任何退路。胡佳还在小学一年级的时候，就被湖北业余跳水运动学校的教练看中了，并很快选择他进入了跳水队，而当时只有六岁的小胡佳，是队伍里最不偷懒也最不怕苦的孩子。

在体能训练课上，别的孩子早已经累得爬不起来，胡佳还在闷着头往池子里跳。即使腿已经禁不住打哆嗦，只要教练不喊停，他就会咬牙忍住，直到最后一跳。

1999 年，胡佳入选国家队，而 2000 年便是悉尼奥运会，当时的胡佳仅是替补队员，不过比赛前一个月，队里跳水项目的一个名额队员在训练中手腕骨折了，这给了胡佳机会。当时 17 岁的胡佳轻装上阵，凭借初生牛犊不怕虎的精神，他抛却了自己的压力，可是毕竟经验不足，在跳第 4 组动作时，他跳砸了，最终输给了田亮。

然而在后面的几年，胡佳都被称作千年老二，因为整整几年的时间，他没有赢过田亮几次。胡佳自己很清楚，自己的天分不如田亮，否则不会是这样的结果。既然自身条件比不过，那就只有苦练才能将差距拉近，这样总有一天能够成功。

后来因为中国跳水队的动作难度遭到了质疑，整个跳水队都在反思，胡佳也是如此，他主动找到队里提出，要给自己的动作增加难度。其中 5255B 和 407B 这两个动作难度系数非常高，稍有不慎，运动员就会碰台将自己弄伤，危险系数很高，胡佳没有给自己退路，他知道要想成功，就必须忍受住伤痛，要多比他人流汗，才有可能。

到 2004 年雅典奥运会时胡佳告诉自己，这次机会必须抓住。可是事情却不如人愿，奥运会前三个月胡佳脚腕韧带在训练中拉伤了，只得卧床休息。终于在奥运会前最后一次大练兵时，胡佳恢复了队内训练。

教练劝他伤还没有好，最好不要去。但是胡佳没有休息，而是更加努力地去恢复训练。

比赛前一个星期，胡佳甚至将一分钟当作两分钟来用，他没有因为受伤给自己退路，而是如疯子一样加紧训练。

雅典奥运会前，胡佳又开始给自己偷偷加量训练。教练怕他练过头，没少批评他，可是胡佳知道，自己还有不足，所以不断地努力加练。

这种置之死地而后生的精神让胡佳成功了，在雅典奥运会上胡佳前三个动作发挥很正常，而第四个动作就是他的撒手锏 407B 的高难度动作，他坚信自己不会再犯以前的错误，终于他成功了。最后的一跳，胡佳更是拿到了全场最高分。

因为他的坚持和斩断退路的精神，他在雅典奥运会上获得了自己跳水生涯中的第一枚金牌。

生活中，退路常常会成为很多人不成功的借口，成为失败后堂而皇之退缩的理由，其实当我们为自己留下退路时，成功也为自己留了后路，只有当我们没有退路时，才会更努力去探寻出路。

如果你决定了前行，就不要再回头，只有在人生路上不留退路，拼尽全力做一次冒险，才有可能扭转局面。

就如胡佳的成功一般，不给自己退路，抓住得之不易的机会，为自己的人生拼搏一把，成功概率就会不断提高。

人生漫漫，很多时候我们会遇到许多命运的抉择，比如下不下海，跳不跳槽等。其实，下海、跳槽、转行等都是背水一战。想好了，就别犹豫。别给自己留太多的退路，如果我们认为希望就在当下，就要努力经营好目前的局势，只有硬着头皮冲上前，才是获得成功最简单的方法。

第六章
坚定信念：你想成为谁，你就是谁

　　自信的极致就是对信念的执着。古往今来每一个实现梦想，实现超越的伟人，无不是在用信念在坚持。哪怕是面对再多的困难，他们也不会放弃自己的梦想，用信念盯住目标，最终，这种信念也引导他们走向了成功。

保持适度的渴望

很多年前，当巴尼斯在新泽西州从货运列车上跳下来时，他的模样看起来更像一个无业游民，但是他却想象自己就像一个有成就的人一样。

在穿过铁路走向爱迪生办公室的途中，他想象自己站在爱迪生的面前，他听见自己要求爱迪生给他一个机会，以实现他一生着了迷似的炽烈欲望——要做这位伟大发明家的商业伙伴。

巴尼斯的欲望并不只是一个希望！它不是一种祈求，它是一种强烈的、跳跃的欲望，它凌驾于一切之上，它是明确的。

数年之后，巴尼斯再度站在爱迪生的面前，站在与爱迪生初次会面时的同一间办公室里，这一次他的欲望已经转变为事实：他和爱迪生成为合作伙伴了，支配他一生的欲望终于实现了。

巴尼斯的成功，是因为他选定了一个明确的目标，并以他的全部精力、全部的意志力以及他的一切，去奔向这个目标。

经过 5 年之后，巴尼斯梦寐以求的机会终于出现了。除了巴尼斯自己之外，所有的人似乎都认为他只不过是爱迪生事业的齿轮上的一个齿而已。但是在他自己的心中，从开始工作的第一天起，他无时无刻不认为自己是爱迪生的合作伙伴。

这是一件由明确欲望产生力量的明证。巴尼斯达到了目标，是因为他什么都不要，只要做爱迪生的合作伙伴。他构想出一套计划，借此计划达到了目的。他破釜沉舟地坚持着他的欲望，直到这欲望变成了事实为止。

前往奥伦芝时，他不是想："我要劝说爱迪生随便给我一个工作。"他想的是："我要见爱迪生，并且告诉他，我来是要做他事业上的伙伴的。"他没有说："我要睁开眼睛注视着另一个机会，以防在爱迪生的企业中得不到我所要的工作。"他只暗示自己："在这个世界中只有一样东西是我决心要得到的，那便是和爱迪生合作发展事业。我要把我的整个前途和全部能力，投注在我的事业上，去获得我所要的东西。"

他不给自己留下一点点后路。他必须成功，否则便是毁灭。

这就是巴尼斯成功的唯一信念。

很久以前，有一位将军面临着这样一种情况：他必须采取一个行动来保证在战场上的胜利。因为他要指挥他的人马对付一个兵力比他雄厚的强大敌人。他率兵上船，航行到目的地，下船后，他命令将装运士兵的船只烧掉，连做饭的铁锅也砸掉了。

在开始战斗前，他对他的士兵训话："各位看见了，我们现在既没有供撤退用的船只，也没有了做饭的锅。这就是说，我们根本没有后退的可能，只有不断向前英勇杀敌，除非我们胜利，否则不可能活着离开这里。我们现在别无选择，我们要么胜利，要么毁灭。"

后来他们胜利了。这就是项羽"破釜沉舟"的故事。

要取得事业成功，要赢得胜利只有切断所有退路。他才会保持那种炽烈求胜的欲望，而且他将自己成功的欲望既暗示了他的下属也暗示了自己，这才是成功的关键。

在芝加哥大火的第二天早晨，一大群商人站在斯台特街上，看着他们的店铺几乎全化为灰烬，然后聚集在一起商量对策。是重建家园呢？还是迁离芝加哥到更有希望的地方重新做起？他们达成的决议是离开芝加哥，其中只有一人例外。

这位决定留下来的商人叫马歇尔·裴德，他指着他的商店的灰烬说："各位，就在这个地点，我要建起世界上最大的商店，无论它烧掉多少次。"

这大概是一个世纪以前的事。这家商店早已重建起来，而且直到今天还竖立在那里。对马歇尔·裴德而言，步他同业的后尘，原是非常容易的事。在生意难做，或前途看起来暗淡的时候，他们便打点行装，迁到比较容易发展的地方去。

这就是马歇尔·裴德和其他商人之间的不同之处。应该特别值得注意的是几乎所有成功者与失败者的区别，就是在这一点点的不同上。

每个人到了知道懂得钱的用途的年龄时，都希望有钱。"祈求"不会带来财富，但是把"祈求"财富的欲望变成坚定的意念，然后用计划明确的办法与手段去获得财富不仅是物质上的，还有精神上的，并以永不言败的坚毅精神坚持这些计划，这样就会带来事业上的成功。

如何自我暗示将欲望转变为财富，有六个明确而切实的步骤：

第一，你心里要确定你真正所企求的"财富"的目标，仅想到"我要挣很多钱"是不够的。要有一个具体的设想，甚至具体到需要多少步、多少时间来实现它，并且目标一定要明确。这是有心理学理论支撑的。

第二，为了达到你所企求的目标，你确定自己有决心付出些什么代价（"不劳而获"的事情是没有的）。

第三，确定一个具体的年限，你决心何时"拥有"你所企求的目标。

第四，拟订一个实现你欲望的明确计划，并且不论你是否已有准备，要立即开始将计划付诸行动。

第五，将你要得到的财富的数量目标、达到目标的年限以及为达到目标所愿付出的代价，以及如何取得这些财富的行动计划等，都简明扼要地写下来，并写一份誓词类的声明来暗示自己。

第六，每天把这份声明大声地读两遍，一遍在晚上入睡前，一遍在早晨起床后。在你读这份声明时，你要想象到、感觉到自己已经拥有了这笔财富。

这一点很重要，你必须遵照这六个步骤中所说明的指示去做。特别重要的是，你要遵守和信奉第六个步骤中的指示。

你也许会抱怨说，在你实际达到这一目标之前，你不可能看见你自己的成就和财富，但这正是"炽烈的欲望"能帮助你的地方。

如果你真的十分强烈地希望拥有财富，进而使你的欲望充满你的大脑，你将会毫无困难地使你自己相信你会得到它。这样做的目的是要使你渴望财富，并且确实下决心要得到它，最后你将可以使自己相信必会拥有它。

把自己当作成功者

对于人类心理活动的原则没有了解的人，一定会认为这些指示不切合实际。如果让那些对这六个步骤持怀疑态度的人知道，这是安德鲁·卡耐基所传给他们的信条，这也许会对他们有所帮助。卡耐基开始时只是一个钢铁厂的普通工人。他出身卑微，但由于使用了这些原则，于是他获得几亿元的财富。

假如人们知道上面所揭示的六个步骤，是经过爱迪生仔细检查而获得他同意的法则，你可能会更相信它的可行性。爱迪生认为这些步骤不仅为积累财富所必不可少，也是达到任何人生目标的基本步骤。

这些步骤并不要求你做出多大的牺牲，它也并不想把一个人变得可笑和荒唐。应用这些步骤，并不需要受过多么高深的教育，只要你有足够的想象力，就能成功地应用这六个步骤。这种想象力能使一个人洞察和了解到，财富的积累不能取决于机会或运气。你必须知道：所有积累了巨大财富的人，最初总是离不开一些理想、希望、祈求、欲望和计划，然后才得到了财富。

生活在竞争中的我们，应当鼓励自己去了解，我们生存的世界已经发生了大变化，它需要新的观念、新的行为方式。这就是一种气质，一个人要成功，就必须具备它。这种气质便是"目标的明确性"，知道需要的是什么，而且有强烈的欲望去获得它。

梦想取得成功的人们应当记住：世界上真正的成功人物，是那些在机会尚未诞生之时就能够掌握那些不具体的、不可见的意念并能有效加以利用的人。他们将这些意念（或思想的冲动）转变为摩天大楼、城市、工厂，他们运用积极的暗示使自己走向成功，社会变得更加美好。

让梦想尽早出发

怀有炽烈的欲望要去做成某一件大事，这就是梦想家起飞的出发点。梦想不会在冷漠、懒惰或缺乏进取心的人心中产生出来。

记住：有所成就的人都有一个不幸的过程，他们经过了许多令人伤心的奋斗与挫折，然后才能抵达成功的彼岸。这些成功的人，他们生命的转折点都是在某种危急时刻来临。经由这种危机，他们才认识了另一个自己。

班杨是《天路历程》的作者，他因对宗教问题的不同看法而被囚禁，在受尽苦难之后，写出了这本享誉世界文坛的书。

名作家欧·亨利是在遭遇了巨大的不幸、被关进俄亥俄州哥伦布市的牢房之后，才发现自己在文学上具有很高的天赋。经过不幸的遭遇，他认识了他的"另一个自我"，并动用他的想象力重新解释生活。他发现自己竟是位优秀的作家，而不是可悲的罪犯和歹徒。

狄更斯年轻时，他的工作是往黑鞋油瓶上贴商标。他的初恋悲剧渗透到他灵魂的深处，改变了他的人生，使他成为世界上真正伟大的作家之一。那次悲剧结束之后，首先产生了《孤星血泪》，然后是一连串作品，使读者们看到了一个丰富、美好的世界。

海伦·凯勒生下后不久便成为聋、哑、盲者，她虽然遭受了巨大的不幸，但是她却在伟人的历史中，留下了她的不可磨灭的名字。她的一生便可作为一个明证：除非你把失败当作理所当然的事实来接受，否则，人们永远不会被命运打败。

在你计划获得那些财富时，你不要受别人影响而轻视梦想。在这个巨变的世界中，你要赢得大的财富，就须接受昔日伟大拓荒者的精神，他们的梦想很有价值，让他们的精神成为我们的精神——使你和我能够获得发展和表现才智的机会。

如果你渴望做的事是积极而合法的，而且你对这件事深信不疑，那么就勇往直前地去做吧，去实现你的梦想！如果你遭遇到一时的失败，也不要管别人说什么，因为别人或许并不知道每次失败都会种下成功的种子。

爱迪生梦想着能用电点亮灯，他就在他站立的地方开始将梦想付诸行动，虽然失败了一万次以上，他还是坚持他的梦想，直到他使梦想变成成功的事实。致力于实践的梦想家不会轻言放弃！

维伦梦想能有一个雪茄香烟连锁店，他便将梦想转变为行动。现在美国城市中一些位置最好的街角处，都有一个"联合雪茄香烟店"。

莱特兄弟两人梦想着一种会在空中飞行的机器。现在人们可在全世界看见它，证明他们的梦想是真实的。

马可尼梦想一种利用电波传递信息的方法。现在这个世界上的每个电台与电视台都证明他的梦想并非空中楼阁。或许使你觉得有趣的是，当马可尼宣布他发现了一个原理，根据这个原理，他能通过空中发出信息，而不必借助于电线或其他的物质时，他的友人竟将他看管起来，并送他到精神病院去检查。今天的梦想家们的境遇，远比前人好得多了。

当今世界充满了机会，这是以往的梦想家们所没有的。我们每个人都应有实现自己伟大理想的愿望，并在为之奋斗的过程中不断暗示自己，直至成功的那一天。

用信念盯住目标

信念，也是积极自我暗示训练的重要内容。比如，我的口袋里只有一元钱，我整天在心里念叨：我一定要多挣钱，我要发大财……再比如，我是一个智商不高、缺少专长的人，我经常自我暗示：我一定要做成什么事，我一定要取得成就……这就是坚定的信念。

让我们先讨论一下心理行为的 A、B、C 吧：

有一个人跳楼自杀了，很多人说他是因为失恋而自杀的，这个说法对吗？

有的人由于炒股票失败输得一干二净，从而精神崩溃，这种说法对吗？

类似种种因果逻辑都是错误的。这是一种错误的认知。不少人都经历过失恋，有些人认为"告别"是一种解脱，反倒感到愉快轻松；有的人却"非你不嫁""非你不娶"，否则"活着就没有意义了"，结果导致悲剧发生。这是因为持第二种爱情信念才导致自杀的，失恋并没有直接导致自杀。

同理，炒股票失败也不是直接导致精神崩溃的原因，真正的原因是信念。

让我们再详细分析一下这种因果机制：

一个人走在山间小路上，突然遇到一只狼，他是否需要停下来想一下：我该怎么办？我害怕吗？我是逃还是不逃呢？我想他用不着决定是否害怕、该怎么办，因为恐惧反应是自动的、适时的。首先这种反应要求他逃跑，同时，这种反应引发体内机制，使肌肉"开足马力"让他跑得比平时更快。他的心脏跳动加速，肾上腺素——一种强有力的肌肉刺激物——加入血液循环。一切与奔跑无关的功能暂时停止，胃部停止活动，可以利用的血液全部供给肌肉，呼吸更加急促，供给肌肉的氧气成倍增加。

这些似乎在生理卫生课上都学过，也是可以理解的，我们所要讨论的是：引起这一生理和心理反应过程的究竟是什么？是情境（狼）？是恐惧情绪？还是逃跑求生的信念？

实际上，小路上的那个人根据情境（狼）这一信息，传给各种感觉器官引起神经冲动，这些神经冲动在大脑中经过快速分析、解释和评价后，以观念或心理意象的形式，指挥他去行动。

人们的行动与感觉并不依照事物的本来面目发生而是依照你的意象或信念。每个人对于自己和自己周围的事物都会产生特定的意象和信念，你的表现永远和你的心理图像是一致的，如果我们自己的观念和心理信念是扭曲的和不现实的，那么我们的行为和反应也随之变得扭曲。

这个问题的讨论使我们明确，正确而强烈的信念或决定产生正确的行动，错误和扭曲的信念或决定产生不恰当的行动。由此可见，观念、信念的有无和强烈程度对一个人的成功和失败是何等重要。

这就是心理行为的 A、B、C，即信念、情绪和行为的因果关系。

A(antecedent) 即事情的起因，如失恋、股票暴跌等。由此而产生 B(belief)，即信念，如悲观、失望等。最后导致结果 C(consequence)，自杀或精神崩溃等。可见，你的信念 B 是造成不良后果的"元凶"。真正的心理行为逻辑是 A–B–C，而不是 A–C。

这是著名的临床心理学家爱理斯博士所提出的"A–B–C 理论"。

同理，人们有了目标、制订了计划不一定都能实现，只有产生一定要实现目标的信念方可成功。

什么是信念呢？信念是对目标实现的观念和感觉，它是将理想、情感、意志融为一体的动力，它是对目标实现的决心、信心和恒心。信念是人人都可以支取，并且是取之不尽、用之不竭的最大潜能。信念能使我们对千千万万的信息具有检索的能力，信念是我们头脑中的指挥中枢。记得曾有人说："一个有信念的人所发出来的力量不下于 99 位仅心存兴趣的人。"一个没有信念的人就像少了马达、缺了舵的汽艇，不能动弹一步。

信念的最初形式是念头——意念。念头要变成信念，还要看你对这个念头的相信程度，也就是必须有实现这个念头的决心、信心和恒心。

凡是使用过电脑的人，相信对微软公司是不会陌生的，想必你对美国微软公司总裁比尔·盖茨的传奇经历也有所耳闻吧。

比尔在青少年时代就对计算机表现出浓厚的兴趣和过人的天赋，高中毕业后他怀着这个兴趣和念头不想再升学，可是在父母的规劝下他还是考入了哈佛大学。后来由于他这个念头越来越强烈，使他意识到计算机已进入快速发展阶段，不能再拖下去了，他必须果断地下决心从哈佛退学，19 岁的比尔·盖茨就这样全身心地投入到计算机的研究中去。

强烈的信念使得比尔·盖茨对世界电脑的发展做出了一连串的惊人改变，他个人也在 30 岁时成为一名亿万富翁。

的确，世界上没有任何力量能像信念一样主宰着人类。历史上任何伟大的人物都是因为他们有伟大的信念才谱写出了伟大光辉的历史篇章。如果想效法伟人，首先去效法他成功的信念吧！

国外曾有一宗著名的安慰剂研究病例，对象是患有溃疡病的人。他们被分为两组，研究人员告诉第一组的人说："你们将服用一种绝对有效的新药。"对第二组的人说："你们将服用尚不知疗效的实验药。"实际上给这两组人服用的是完全相同的没有疗效的药。

实验结果是：第一组有 70% 的人觉得有效；第二组只有 25% 的人觉得有效。差别就在于两组人接受了不同的心理暗示，从而产生了不同的信念。

美国哈佛大学博士亨利·华其尔还做过如下实验：以 100 个医学院的学生为抽样对象，分为两组，每组各 50 人，给第一组学生服用了红色胶囊，并告诉他们"是兴奋剂"。第二组服用了蓝色胶囊，告诉他们"是镇静剂"。而实际上是相反的，即红色胶囊里装的是镇静剂，蓝色胶囊里装的是兴奋剂。实际结果是第一组吃了红色胶囊的学生很兴奋，吃了蓝色胶囊的学生很平静。

由此可见，服药者的效果与他对药的信念成正比。信念压制了身体对药物的化学反应。

信念的作用还不只是对药物的反应。信念能使人类有足够的力量战胜各种痛苦、挑战和艰难。

有两位年届70岁的老太太，一位认为这个年纪可以算是人生的尽头了，于是开始料理后事，不久她就告别人世了。而另一位却不在乎自己的年龄，她要做自己喜欢做的事，于是她制订了一个学习登山的计划，冒险攀登高山，她先后登上了几座世界名山，在她95岁高龄时登上了日本的富士山，打破了攀登此山的最高年龄纪录，她就是全美鼎鼎有名的胡达·克鲁斯老太太。

每个人给自己的人生赋予什么样的色彩，是丰富多彩的，还是暗淡无光的，全看你持有什么样的信念了。

让信念融入血液

坚持心理上的积极自我暗示，也就是坚持积极的自我意识和自我价值感，这是创造新我、走向成功的主观形态；人生价值的客观形态是一个人的实际作为和成就。

就是说，人生价值的实现，一方面是个人的主观追求、坚持奋斗的结晶；另一方面又是一种有益于社会并得到社会承认的实际成就和贡献。

因而，我们创造新我、走向成功，必然要经过三个紧密相关的环节：发展积极的心理态度——坚持实践与创造的实际行动——取得有益于社会并得到社会承认的成就和贡献。就是：重在心志，贵在行动，成于目标实现。

重在心志不仅意味着应当注重关于心理态度和人生哲理的学习与思考，而且需要将其贯彻在积极行动和具体实践中；贵在行动的含义是指，不论什么梦想，只有经过扎实的行动才有可能实现，但也意味着积极的心态、成功的信念，也只有在扎实的行动中才能真正具备。所以我们强调，积极的自我暗示和积极的自我意识必须在具体实践中长期坚持，只有坚持不懈，才能由有意识转变为刻骨铭心的坚定信念，才能深入人生实践，经历艰险的考验，创造新的自我。

为什么许多头脑灵活、处境顺利、才能有所显露的人，不一定会取得突出的成就呢？因为这类人尽管也在心理上进行过积极的自我暗示，但那是一时的、浅层次的，没有深入人生、经历艰险，也就没有建立起对心理态度这个法宝的坚定信念。

因而，他们一旦遭受挫折，就会觉得这是误入歧途的缘故。他们误以为还有其他的路可走，这就对积极的心理暗示产生了动摇，甚至将其翻到了消极暗示的一面。

追求人生美是要付出相当昂贵的代价的，开拓人生路，所遇到的荆棘永远会多于花朵。事业的成功者首先是心态和性格的成功者，一个人未能建立起对于积极的心理暗示和自我价值观的坚定信念，即使从小就显露出某种才华和特长，也不能在人生的旅途上顶风迎浪、百折不挠地贯彻自己的选择，也就干不成什么大事。

　　每一个卓越的人或成功的人，都有一个建立积极的心理态度的起点，没有哪一个人生来就是卓越的或成功的。伟大的人物在其一生中，尤其是在其青少年时代，生活往往是十分不顺的。出身贫寒，被人歧视，经历坎坷，惨遭不幸……这些不利的处境容易使人灰心丧气，自感卑贱。

　　但是，这种人在逆境中一旦得到重要的激励并在心理上进行积极的自我暗示，也就是发现了自我价值，看到了自身的潜在的能力和将来的发展，他们就会朝着自己感兴趣的目标努力探索，开始向成功之巅攀崖而上。

　　当我们学会用新颖而科学的眼光看待自己和世界的时候，我们心中所涌现的许多想法会使自己吃惊，也会使别人觉得很狂妄，但正是这种积极的心理暗示促使人积极行动，走向成功。重要的是你要经常积极暗示，持久而积极地行动，最好是与众不同，独辟蹊径，当别人向下游漂去时，你要能够向上游冲击！让你所向往的目标同你的下意识心理直接相通，从而激起不断前进的动力和万难不屈的意志。

　　爱迪生在晚年为了研究有声电影耗费了大量心血。一天，实验室突然起火，所有的资料几乎化为灰烬。他年迈体衰的妻子难过得直哭，可他却镇静自若地说："不用难过，我相信一切都会重新开始。"第二天，他又投入了紧张的工作，经过不懈努力，终于为人类创造了第一部有声电影。显然，爱迪生的持久的动力和顽强的意志是来源于坚定不移的意识和扎实刻苦的实践。

　　在华人的商业社会里，几乎没有人不知道"李嘉诚"这个名字。

李嘉诚可以说是华人世界中数一数二的物质与精神的双重富翁，是一位极为出类拔萃的人物，值得人们学习和研究。

李嘉诚小时候家庭并不富有。李父在潮州是一位颇得乡人敬重的教师。

1939 年，李父携带一家大小逃到香港去躲避日本侵华的战祸。虽然家徒四壁，生计艰难，李父仍坚持让长子李嘉诚入学读书，期望他能学有所成，出人头地。可是，李嘉诚刚读了两年书，父亲就因病去世。

年仅 13 岁的李嘉诚第一次尝到了心如刀绞的滋味，并在人生伊始无可回避地套上了命运的绞索，面临着失去父亲和失去求学机会的巨大悲哀。

他恨自己，竟毫无力量挽救父亲的生命……

"要是有钱，姐夫也不至于这么早就……"少年李嘉诚在悲戚中听见舅父在劝慰哭得死去活来的母亲节哀……穷！是多么痛苦、绝望、耻辱的字眼。因为穷，会丧失主权；因为穷，会丧失尊严；因为穷，会丧失生命。穷，就意味着失败，意味着悲惨，意味着消亡……

"不，我要工作，我要挣钱！"少年李嘉诚从心底发出一声呐喊，他从此播下了创造新我、走向成功的种子，开始了他那锲而不舍的奋斗、百折不挠的崛起的卓越超群的人生。

十三四岁的李嘉诚开始肩负起养家糊口的责任，他做过临时的跑街和推销员。因为他勤奋好学，待人诚恳，20 岁时，已经被提升为塑胶表带厂的总经理了。

20 世纪 50 年代开始，李嘉诚独资经营一家名为"长江"的塑胶化工厂，生意渐渐做大。20 世纪 60 年代，他开始投资房地产，财富日增，为日后发展打下了雄厚的基础。

1986 年，他被评为世界百位巨富之一、十大华人富豪之首。

李嘉诚的成功是辛勤工作、刻苦奋斗的结果，推动他坚持进取、迎接一浪复一浪的挑战、攀登一个又一个高峰的巨大原动力就是"创富意识"。

许多人往往把浅尝辄止或半途而废的原因看作是处境不利，缺乏机遇，或是自己的能力与条件太差，也有许多人认为是自己不能吃苦耐劳，缺乏坚持不懈的意志和毅力。这些看法并非没有道理，但一个人的智能、勤奋和顽强的意志从何而来呢？

说到底还是有无积极的自我意识，能否坚持心理上的积极的自我暗示，也就是有没有刻骨铭心的志向和信念。请看，一个处境与条件极差、几乎是一无所有的日本人原一平是怎么成为推销之神，成为控制日本的十大财阀之一。

原一平，1904 年出生在日本长野县。他从小受父母的宠爱，脾气暴躁，调皮捣蛋，叛逆顽劣，是个人人厌恶的小坏蛋。由于他多次带领孩子们搞一些恶作剧，父母特别交代他的小学老师对他严加管教。

有一次，老师忍无可忍，把他抓起来狠狠地打了一顿。为此，他怀恨在心，几天后他乘老师不注意，拿小刀把老师刺伤了。

事情闹大了，不但家门蒙羞，而且逼得父亲辞去所有要职……

不过，后来当他这种胆大妄为的坏脾气转化为"永不服输"的心志和毅力的时候，他便能深入人生实践，开始创造新的自我。

1924年，原一平从商业专科学校毕业，由于在家乡的名声太坏，他便跑到东京去闯天下。

在东京，他很快在观光旅行协会找到了一份推销的工作。这时他虽然没什么经验，可是凭着争强好胜的个性和自我意识，夜以继日地拼命苦干，半年结算下来，他的业绩在全体推销员中名列第一，并因此被提升为营业部经理。

正当他得意之时，这家旅行协会的总经理卷款潜逃，旅行协会倒闭了。为了谋生，他只好到明治保险公司求职。

原一平身高只有1.45米，体重52公斤，看起来又瘦又小，实在不像一个可用的人才。主考官拒绝了他的求职，认为他不是干推销的料。

但原一平憋足了一口"永不服输"的气，他说："请问进入贵公司，需要做出多少业绩呢？"

"每人每月推销一万元。"

"那好，我也每月推销一万元，不就行了吗？"

主考官抬头看着天花板，发出嘿嘿嘿的一阵怪笑。

这嘲笑之声虽然使他难受极了，但他咬紧牙根，暗暗立誓——就是粉身碎骨，也要让主考官把那一阵怪笑收回去。

这一天就这样烙在他内心深处。

多年后，原一平曾说当年的主考官高木金次是他的大恩人，因为正是高木的嘲笑激起了他坚持到底的决心。

因为明治保险公司不打算录用他，是他死皮赖脸硬缠上来的，所以他是一名不请自来的职员，是一名没有薪水的见习推销员，连座位也没有。不管别人怎么感到奇怪，怎么议论，原一平面对镜子中的自己说："我就是原一平，举世无双的原一平，全世界独一无二的推销事业开始了！"

这就是积极的自我暗示，如此暗示并不难，可是实行起来、坚持下去就不容易做到了，而原一平的了不起之处就在于他能够坚持到底，自觉锤炼心志。

没有薪水，他的衣、食、住、行的开销怎么办呢？他找亲友借了一些钱，租用了一个只有三个榻榻米大的小房间住下。

为了省钱，他每天不吃中餐，不乘电车。

为了鼓舞自己，他把"没钱吃"改为"我不吃"，把"没钱搭"改为"我不搭"，并乘机多访问客户，加紧工作。

每当中午，路过餐厅，面对餐厅里飘出的饭菜香味，他总是面带笑容，哼着小曲，坦然而轻快地走过去。

整日徒步奔波，一天下来疲惫不堪，回到住处倒下就睡着了。他经常在梦里梦见自己吃中饭，酒足饭饱，还梦见坐在电车里沿路观光……梦醒之后，他还舔了舔嘴儿，觉得好过瘾！

搞推销，不能不重视外表，他没有钱购置西装，便到旧衣摊上买便宜货。

更要命的是，他虽然每天都勤奋地去推销，但努力了7个月之久，业绩却丝毫没有起色，生活上的困难更加剧了。

由于付不起那个小房间的房租，他被房东赶了出来，只好露宿在公园里，早餐也改为到花钱极少的公营餐厅去吃。

由于住在公园里，他每天更加起早睡晚，四处奔波了。

在这种情况下，他每天都在心里呐喊："原一平啊！千万不能泄气，全世界独一无二的原一平，提起精神，拿出更大的勇气与斗志来吧！原一平是决不屈服，决不认输的！是永远打不倒的！干！干！干！"

每天清晨在路上，原一平常常遇到一位很体面的中年绅士，他看起来不像是一般的上班族，倒像一位老板大亨。因为常常碰面，日子一久，很自然地彼此之间打打招呼，问早道好。有一天，二人照例打过招呼，中年绅士叫住他聊了起来。

"小伙子，我看你总是高高兴兴的，很有精神，全身充满干劲，日子一定过得很痛快啦！"

"托您的福，还好。"

"我看你每天都起得很早，是个难得的年轻人。我想请你吃早餐，有空吗？"

"谢谢您，我已经用过了。"

"哦！那就改天吧。请问你在哪里高就啊？"

"我在明治保险公司推销保险。"

"哦！既然你推销保险，那我就投你的保险好啦！"

这真是喜从天降。在他最穷困潦倒之时，柳暗花明，时来运转了。原来这位体面的绅士是附近一家大酒楼的老板，也是三业联合公会的理事长。经他介绍，原一平很快就与三业联合公会的许多公司搭上了线，获得许多已投保的和潜在的客户。

结果，到这年年底，共有9个月的时间，他承诺的业绩为9万元，但他实际做了 16.8 万元，超出了 7.8 万元。

从此，他成为明治保险公司的正式推销员。高木先生对他刮目相看，并热诚邀他到自己家过年……

他在夜路上，仰望满天的星斗，百感交集，禁不住泪流满面地叫道："原一平，你这个不吃中饭、不搭电车、只穿旧西装，而又喜欢做梦的小矮子，干得好，干得真好啊！"

6 年后，原一平的推销业绩名列全国第二，9 年后列为全国第一，1948 年他 45 岁时再度夺得全国第一，并一直保持了 15 年。他成为亿万富翁，担任公司理事兼直辖地方部长，被誉为日本的推销之神。

看起来，原一平的命运转机似乎是偶然认识那位中年绅士，实际上，他之所以能实现梦想，大获成功，主要是真正坚持了心理上的积极的自我暗示，以万难不屈的坚强心志，创造了新的自我。

不妨试想，如果他在那么穷困潦倒的情况下，不是以兴高采烈、充满干劲的精神面对一切艰难，那位中年绅士怎么会对他有兴趣，肯关照呢？可见，积极的自我意识只有成为刻骨铭心的信念，才会做到万难不屈、永不服输。这种坚定不移的心志，就是在实践中创造新我的可靠动力。

开始行动，让信念更牢固

要想获得事业的成功，空有一腔欲望不行，只有通过积极的行动和扎实的实践才能逐步推进、有望成功。但是碰到困难时，内心会有矛盾，别人也可能泼冷水，我们这时需要脚踏实地，也需要别人的忠告、提醒，甚至还可能需要重新选择、调整计划，但我们只能接受使自己自信主动、勇于实践的忠告、提醒，这才是真实有用的。如果左右摇摆，不能自主，你的行动就会半途而废。

在这个充满矛盾的过程中，坚持积极的自我暗示将起到关键的作用。

弓既然举起，就要射出有力的一箭；船既然启航，就要冲过急流险滩，到达彼岸；成功的意识、奋斗的目标一旦确立，就一定要立刻行动，勇于行动，勇于实践。

1. 通过实践，才能使自我意识真正转变

转变意识，创造新我，不能只是关在屋子里读书、思考，而要行动和实践。因为意识与实践、主观与客观、精神与物质等都是相互联系、彼此影响的。如果你有了许多实际的体会和参照系，那么认识自我就会比较清楚、准确。有了实践，长了见识，你才会联系、比较，发现自身的价值和优缺点，才知道自己有什么能力和兴趣。

2. 实践的另一个重要意义就是可以建立和发展人际关系

比如年轻人以前总认为父母对自己照顾理所当然，照顾不周还不满意，后来通过自己做饭、洗衣服、抚养孩子，才真正知道当父母不容易，也就变得关心孝敬父母了。其他人际关系的发展也是这个道理。

3. 通过实践才能使文化素养和工作能力得以提高

上学读书得到的是间接的知识和经验，只有自己实践，才能提高你的修养和能力。一则印度谚语说得很有道理：播种一种思想，收获一种行为；播种一种行为，收获一种习惯；播种一种习惯，收获一种品格；播种一种品格，收获一种命运。这就是弃旧图新、心想事成的必然过程和必由之路。

4. 大胆实践

只有通过实践，积极的心理暗示才会铸就刻骨铭心的坚定信念，而信念坚定又会促使积极行动，勇于实践。

信念不仅是一种意念、认识、想法，而是通过深刻的体会获得的，所以它是不容易动摇和改变的。简言之，信念是认识与情感的合金。有了这种合金，人才会有锲而不舍、百折不挠的意志力。一个人有点追求并不难，难的是以毕生的精力去追求；一个人有点自信也不难，难的是永远自信主动。

前文谈到的日本推销之神原一平，他在怎样通过实践再造新我方面也能给人以启示。

在原一平进入明治保险公司的头一年，不谙推销的技巧，主要凭着"永不服输"的一股气横冲直撞，四处访问。

有一天，他闯进了一座名为"村云别院"的佛教寺庙，与住持吉田胜逞访谈。见面寒暄之后，他发现住持无拒人之意，心中暗暗叫好，便口若悬河、滔滔不绝地向这位老和尚介绍投保的好处。老和尚一言不发，很有耐心地听他把话说完，然后平静地说："听了你的介绍之后，丝毫引不起我投保的意愿。"停顿了一下，他又用慈祥的目光注视了原一平许久，接着说："人与人之间，像这样相对而坐的时候，一定要具备一种强烈的吸引对方的魅力，如果你做不到这一点，将来就没有什么前途可言了。"

原一平被兜头泼了一瓢冷水，起初不服气，本想立刻反击，但他似乎被老和尚的气势震慑住了，一时呆呆地想着那句话的意思。

吉田又说："年轻人，先努力改造自己吧！"

"改造自己？"

"是的，要改造自己首先必须认清自己，你在向别人推销之前，知不知道自己是一个什么样的人呢？"

"认识自己？请问我该怎么去做呢？"

"要做到认识自己，说起来简单，做起来不容易。你可以去请教别人，比如，可以去请教投保的客户，请他们帮助你认识和提高自己。我看你有慧根，倘若照我的话去做，今后必有所成。"

谈话至此，原一平完全拜服了。临别时，吉田和尚还要他去拜见另一位高人——伊藤道海和尚。

原一平去拜见了伊藤道海和尚，不只是一两次请教，而是每周六晚上到伊藤高僧住持的总持寺报到，利用周日坐禅修行，听取高僧的教导。与此同时，他为了诚恳地向投保的客户们请教，组织召开了"批评原一平的集会"。每月一次，一年12次，地点在安静的小餐馆，以晚餐的方式进行。邀请人数，每次五六个人，并请其中一个当聚会主席，为感谢贵宾的宝贵意见，原一平不仅自己出钱请客，会后还要给每个人赠送礼物。

由于入不敷出，他只得把衣物送去典当。尽管如此艰难，可是原一平批评会总是按月举办，绝不终止，一共连续举办了6年之久，共72次。因为每一次的批评会，他都有被剥一层皮的感觉，他发觉自己就像一条蚕正在"蜕变"。他将在批评会中获得的体会和改进体现在每天的推销工作中，于是，业绩直线上升。他的最大收获是把自己的暴烈脾气和永不服输的好胜心理引导到了一个正确的方向。

尽管改进后的原一平还是非常争强好胜，但重点不是与别人比，而是和自己较劲了。今日的原一平能胜过昨日的原一平吗？他决心战胜自我。

他深有体会地说："事实上，每个人最大的敌人就是他自己。人们经常不能自觉地改变自己的懦弱和卑劣，而一味膨胀自己，并夸口说'我胜过某某人'，到头来他会发觉是自欺欺人。"

他又说："一个推销员之所以难成大器，最主要的原因可能就在于不能超越自己。此种克己的修身功夫，就是一个人的人格成长。我想任何人不能成功，都是因为未能通过一段人格成长的考验吧。"

原一平所总结的超越自己，人格成长，也就是一定要在实践中再造新的自我。总之，通过学习与思考认识自我，在内心创造成功的自我是十分必要的，但只有学习和思考是很不够的，只有通过积极的行动和具体的实践才能真正认识自我，创造新的自我。

第七章
超越平凡：用自信实现自我

当你达到自信状态之后，超越平凡的人生就变得简单多了。自信能够帮你克服许多困难，而你的执着、勤奋、乐观，也会在这个过程中不断塑造一个新的自我。用自信配合自己的努力，平凡就会被你甩在身后，哪怕是超越自卑的那个你，人生也已经实现了质的转变，完成了平凡的超越。

坚韧不拔是成功底色

有一部著名的美国电影叫《肖申克的救赎》，电影讲述的是年轻的银行家安迪因被判决谋杀自己的妻子，被送往美国的肖申克监狱终身监禁。遭受冤枉的安迪外表看似懦弱，但内心坚定，从进监狱的那天开始就决定一定要离开这里。他在监狱里遇见了因失手杀人被判终身监禁的摩根·费曼，两人很快成为好友。肖申克监狱当时是美国最黑暗的监狱，典狱长利用囚犯做苦役，为自己捞了不少好处。狱警对囚犯乱施刑罚，甚至将囚犯活活打死。

面对如此险恶的环境，安迪没有自甘堕落，他办监狱图书室，为囚犯播放美妙的音乐，还利用自己的知识帮助大家打点自己的财务。典狱长很快发现了安迪的特长，让他帮助自己洗黑钱做假账。在暗无天日的牢笼中，安迪从未放弃过对自由、对美好生活的追求，他每天用一把小鹤嘴锄挖洞，然后用海报将洞口遮住。用了20年的时间，安迪才完成了地洞的开凿，成功地逃出监狱并最终把典狱长绳之以法。

安迪在莫大的误解、冤枉、恶劣的生存环境之下，竟然能够一直朝自己的目标在努力，让人看了之后非常震撼，如果一个人能用这样的毅力和忍耐力做一件事，想不成功也难啊。

坚韧不拔的斗志是所有伟大成功者的共同特征。他们也许在其他方面有缺陷和弱点，但是坚韧不拔的斗志是每一个成功者身上不可或缺的。无论他处境怎样，无论他怎样失望，任何苦难都不会使他厌烦，任何困难都打不倒他，任何不幸和悲伤都摧毁不了他。过人的才华和禀赋都不如坚持不懈的努力更有助于造就一个伟人。在生活中最终取得胜利的是那些坚持到底的人，而不是那些自认为自己是天才的人。

杰出的鸟类学家奥杜邦在森林中刻苦工作了许多年。一次，在度假回来时，他发现自己精心创作的两百多幅极具科学价值的鸟类绘画都被老鼠糟蹋了。回忆起这段经历，他说："强烈的悲伤几乎穿透我的整个大脑，我接连几个星期都在发烧。"但过了一段时间后，他的身体和精神都得到了一定的恢复：他又重新拿起枪，拿起背包和笔，走向森林深处。

无论一个人有多聪明，如果没有坚韧不拔的品质，他就不会在一个群体中脱颖而出，他就不会取得成功。许多人本可以成为杰出的音乐家、艺术家、教师、律师或医生，但就是因为缺乏这种杰出的品质，最终一事无成。

坚韧不拔的斗志是一种力量，一种魅力，它使别人更加信赖你，每个人都信任那些有魄力的人。实际上，当他决心做这件事情时已经成功一半了，因为人们都相信他会实现自己的目标。对于一个不畏艰难、一往无前、勇于承担责任的人，人们知道反对他、打击他都是徒劳的。

坚韧的人从不会停下来想想他到底能不能成功。他唯一要考虑的问题就是如何前进，如何走得更远，如何接近目标。无论途中有高山、有河流还是有沼泽，他都会去攀登、去穿越。而所有其他方面的考虑，都是为了实现这个终极目标。

要做人生的强者，首先要做精神上的强者，做一个坚韧不拔威武不屈的人。世间不存在人无法克服的艰难和困苦。在你面临绝境无法摆脱时，在你气喘吁吁甚至精疲力竭时，你只要再坚持一下，奋力拼搏一下，你就会战胜困难。

有许多伟人也会出现这样的错误，在他们即将抵达成功时，他们却因失败而放弃了。德国科学家席勒在研究 X 射线即将看到曙光时，失去信心，罢手却步，遂将成功的喜悦奉送给了伦琴。

歌德曾这样描述坚持的意义："不苟且地坚持下去，严厉地驱策自己继续下去，就是我们之中最微小的人这样去做，也一定会达到目标。因为坚韧不拔是一种无声的力量，这种力量会随着时间而增长，是任何挫折和失败都无法阻挡的。"

执着一点儿又有何妨

成功固然可喜可贺，它会让我们成为一个与众不同的优秀的人，还会给我们带来丰厚的奖赏。然而我们必须清晰地认识到我们选定了艰难的成功事业，也就是我们不幸的开始。因为所有的成功都需要付出代价，就像歌里唱的：不经历风雨怎么见彩虹，没有人能随随便便成功。

自古英雄多磨难，从来纨绔少伟男。这似乎是一条亘古以来都颠扑不破的道理。权贵的荫泽与庇佑下的成长，如同温室里的花朵，鲜有能经受风雨的。而那些经历了苦难和失败而坚持不懈的人，往往会取得成功。

人生是无法回避艰辛和苦难的。它的本身就已很不轻松，可你又偏偏给它加码——选择了并非容易获得的成功。

很多追求成功的人在他人看来纯粹是自讨苦吃。因为他是那么执着，那么"死撞南墙不回头"，不惜一次又一次从头开始……追求成功的人不肯轻言放弃，在他们看来，没有成功的人生毫无意义。他们坚持自己的信念，矢志不渝。他们知道自己选择了一条艰难的路，因为成功从来不会一帆风顺。

1992 年，如同大多数看了电影《少林寺》的孩子一样，农家娃王宝强跟父亲吵着要去少林寺学武。穷人家的孩子如草一样，在哪里都一样倔强生长。所以王宝强的父母也没有怎么犹豫，就将 8 岁的儿子从河北南和县送到了河南的少林寺。

少林寺的学武生涯，难免是"床硬、饭冷、活重"，不少原先怀着一腔热血的孩子挨不了多久，就想方设法回家了。王宝强不怕吃苦，他在少林寺潜心学武。一转眼，六年过去了，当年瘦弱的儿童已经成了精壮的小男子汉。

1996 年，14 岁的王宝强离开了少林寺，回到家乡。王宝强家里很穷，而在家乡那片贫瘠的土地上，王宝强找不到改变家庭与自己的命运的舞台。于是，15 岁那年，王宝强来到了北京，决心像他的同门前辈李连杰一样，靠当武打演员改变自己的命运。

然而，想要有所成就就要历经磨难。有道是"长安米贵，居大不易"，想当年一身才学的白居易闯荡京城长安（西安），也难免有不如意之时。对于十几岁的王宝强来说，北京的"米"也同样地贵，生存的压力让他焦头烂额。北影厂门口常年聚集着一大群等候群众演员角色的人，王宝强也混迹其中，如同旧社会一个插着草标的卖身者。

当群众演员，一天也只有 20 元钱的报酬，并且这样的机会也不多。更多的时候还是没电影可拍，为了生计，王宝强找工地打零工，搬砖和泥筛沙，什么都干。王宝强在北京待了 3 年，始终挣扎在温饱的边缘。但他没有放弃自己的演员梦，因为他太渴望成功了。

2002 年，因为原定的主角夏雨档期不合，电影《盲井》的主角砸到了王宝强头上。《盲井》让王宝强拿了那一年的台湾电影大奖——金马奖最佳新人奖。

没多久，他就得到了与一些大牌明星同台演出的机会——被冯小刚挑选出演当时自己的新片《天下无贼》，在电视剧《暗算》里演好瞎子阿炳。

2007 年，《士兵突击》更是将王宝强的声誉推到了极致。

王宝强现已签约著名的"华谊兄弟"旗下，成为影视圈里的一线演员。

王宝强成功了，而面对别人的赞美和夸奖，他这样说："路还太远，我才二十多岁。人生就像登山，我希望自己永远不要登到峰顶。每天一点点往上爬，以后的路还很艰难，根基打好，一点点往上走。"

其实，人生就是这样，想少经历一点磨难，那就去庸庸碌碌地过一辈子。如果你还有着对成功的渴望，对美好未来的向往，那就一定要做好迎接苦难的准备。

永远不要抛弃自己的梦想

梦想是一种美好的东西。

在很小的时候，家长或者老师都会问孩子一个关于梦想的问题：
"你长大了想干什么呀？"单纯的孩子们在面对这个问题的时候都
会给出五花八门的答案，什么科学家、宇航员、教师、商人、政治家、
作家。这些回答是孩子幼年时期对梦想尚处朦胧期的一种直接反应。
它能够给孩子无穷无尽的创造力和动力。

在美国乡村的某个小学的作文课上，年轻的语文老师给小朋友
们布置了一篇作文，题目叫《我的理想》。一位小朋友这样描绘他
的理想：将来自己能拥有一座占地十余顷的庄园，在辽阔的土地上
植满绿茵；庄园中有无数的小木屋，烤肉区，及一座休闲旅馆；除
自己住在那儿外，还可以和前来参观的旅客分享自己的庄园，有住
处供他们休息。

老师检查作文后，在这个小朋友的簿子上画了一个大大的红
"×"，老师要求他重写。小朋友仔细看了看自己所写的内容，并
无错误，便拿着作文去请教老师。老师告诉他："我要你们写下的
是自己的理想，而不是这些梦呓般的空想，理想要实际，而不是虚
无幻想，你知道吗？"

小朋友据理力争："可是，老师，这真是我的理想呀！"老师

也坚持观点："不，那不可能实现，那只是一堆空想，我要你重写。"

小朋友不肯妥协："我很清楚要实现我的理想很难，但这的确是我真正想要的，我不愿意改掉我的理想。"老师坚决地摇头："如果你不重写，我就让你不及格，你要想清楚。"小朋友没有妥协，结果他的作文真的没有及格。

30年后，这位老师带着一群小学生到一处风景优美的度假胜地旅行，在尽情享受无边的绿草，舒适的住处及香味四溢的烤肉之余，他望见一名中年人向他走来，并自称曾是他的学生。

这位中年人告诉他的老师，他正是当年那个作文不及格的小学生，如今，他拥有这片广阔的度假庄园，真的实现了儿童时的理想。老师望着这位庄园主，不禁感叹："三十年来我不知道用'实际'改掉了多少学生的梦想；而你，是唯一保留自己的梦想，没有被我改掉的。"

梦想也是一种具有创造力的思想品质。古今中外的无数文学作品、科学发明都是起源于梦想的。而那些伟大的人正是有了梦想并一直坚持下去，最终才走向了成功。

高德15岁时，偶然听到年迈的祖母非常感慨地说："如果我年轻时能多尝试一些事情就好了。"高德受到很大震动，决心自己绝不能到老了还有像老祖母一样无法挽回的遗憾。于是，他立刻坐下来，详细地列出了自己这一生要做的事情，并称之为"约翰·高德的梦想清单"。

他总共写下了127项详细明确的目标。里面包括10条要探险的河、17座要征服的高山。他甚至要走遍世界上每一个国家，还要学开飞机、学骑马。他甚至要读完《圣经》，读完柏拉图、亚里士多德、狄更斯、莎士比亚等十多位大学问家的经典著作。

他的梦想中还有乘坐潜艇、弹钢琴、读完百科全书。当然，还有重要的一项，他要结婚生子。高德每天都要看几次这份"梦想清单"，他把整份单子牢牢记在心里，并且倒背如流。高德的这些梦想，即使从半个多世纪后的今天来看，仍然是壮丽且不可企及的。但他究竟完成得怎么样呢？

在高德去世的时候，他已环游世界4次，实现了127个目标中的103项。他以一生设想并且完成的目标，述说他人生的精彩和成就，并且照亮了这个世界。

高德的故事会让人不由自主地想到一句话：人生因梦想而伟大。的确，就像电影里的一句台词所说"做人如果没有理想，那跟咸鱼有什么区别"。

谁没有过理想呢？有多少人实现了自己的理想？

没有实现理想不要紧，只要我们还行走在前进的路上，就一切皆有可能。而遗憾的是，很多时候我们没有实现理想是因为放弃。放弃理想大致有两种原因：一种是随着岁月的增长，发现原来的理想并非自己真正想要的；一种是因为困难太大，自己主动放弃了理想。前者是主动放弃，后者是被动放弃。理性地说，适当的放弃是人生路上无奈的妥协。但你一定要谨慎判断"适当"——你的理想是你内心所深切的渴望吗？如果是的，那么你就不应该轻易放弃。

理想之所以称为理想，本身就蕴含了来之不易的意思。很容易就能达成的目标，不能叫理想。轻易放弃自己的理想，等于抛弃了自己。

其实，在为梦想而奋斗之前，我们每个人都要明白这样一个道理：实现梦想是一项艰辛的工程，同时也是一个极大的回报。有了这样一层心理建设，我们就会对实现梦想时的各种压力有一种全新的认识：为了梦想，我们何妨多扛几次呢？

一边乐观，一边行动

在电视剧《铁齿铜牙纪晓岚》中，我们经常会看见大学士纪晓岚和奸臣和珅两个人斗嘴拼智的有趣场面。很多不熟悉历史的人或许都觉得，奸臣和珅之所以能成为皇帝身边的大红人，深受皇帝的喜爱，一定是因为他擅长在皇帝跟前拍马屁，说些天花乱坠的奉承话。

其实不然，和珅的幸运受宠，很大程度上是因为他总能绞尽脑汁，想尽一切办法去为皇帝排忧解难，解决皇帝在生活上面临的许多困境。

给大家讲一个小故事吧。有一天，乾隆皇帝感觉有点疲惫，正打算午睡一会儿，可让他郁闷的是，外面树上的知了一直在叫个不停，整得他无法入睡。此时，和珅并没有傻乎乎地在皇帝面前，跟着他一起抱怨外面树上知了的聒噪，而是努力地想办法，怎样才能把知了赶走，让皇帝能睡个安静的午觉，最终讨得皇帝的欢心。

和珅先是尝试着拿长竹竿去扑打树上的知了，但始终没有多大的成效。后来，他灵机一动，突然想起现在小孩子玩的"粘知了"的游戏，于是就亲自拿起杆子去粘知了，还动员身边小太监也帮着他一起粘。

就这样，没过多长时间，外面树上的知了全部被和珅他们粘光了，皇帝也因此更加宠幸和珅，觉得他做的事情非常投自己的心。

尽管和珅是历史上的大贪官，不能成为人的榜样。但在电视剧中，王刚饰演的和珅有时却是十分可爱。他很乐观、很开朗，有着超强的执行力，确实是他所获得的荣宠逐渐优渥的良方。因此，对于那些深陷困境，只懂得停留在过往的阴影中，满嘴抱怨之词的人来说，不妨学习一下和珅面对烦心事，积极行动，努力寻求问题解决之道的正面态度和务实精神。

其实，阴影和阳光几乎都是我们自主选择的结果，为什么这么说呢？

容易陷入阴影的人都有这样的共性：当他们发现事情的发展不如自己的预期时，往往犹如五雷轰顶，顿时失去了维持自己生命力的有力支柱，最后在悲伤的哭泣中被负面情绪绑架，再也没有多余的力气和心情去解决当下所面临的问题。

而阳光的人，却始终相信自己的决定，正如英国浪漫主义诗人拜伦的那句话："行动敏捷的人，没有时间流眼泪。"当然，这句话并不是告诉我们，当遇到困难时，要把眼泪戒掉。它想要表达的意思是，与其让所剩不多的时光被眼泪淹没，还不如打起精神，想一想下一步该如何去做。

毕竟，当我们哭过之后，问题始终还停滞在原地。唯有积极行动，我们才能让自己从麻烦中走出来，奔向一个天朗气清、惠风和畅的舒心未来。

罗斯福从小就是一个外表丑陋，并且还患有严重的气喘症的男孩，他说话总是含混不清，几乎没有人能听懂他在说些什么。然而，就是这样的一个饱受命运折磨的男孩，后来竟然成为美国的第二十六任总统。

不少人曾好奇地问过："您成功的秘诀是什么？"罗斯福总是微笑着说道："不抱怨，多努力。"简简单单的六个字，却有着一股穿透人心的力量。

天生的缺陷并没有让罗斯福变得自怨自艾，消极悲观，反而成就了他自强不息的奋斗精神。经过长期的锻炼和学习，他不仅克服了气喘的毛病，而且还成功地拥有了一副健壮的好体魄。更让人觉得不可思议的是，以前口齿不清的他，最终通过自己的刻苦锻炼，练就了一副好口才。不仅如此，他还积极参加各种社会活动，其社交能力在短时间内更是突飞猛进。

上大学之后，他还常常利用假期，独自到洛杉矶去捕熊，到亚历山大去逐牛，到非洲去捉狮子。这些不同寻常的经历都让他变得日渐强壮和勇敢，同时更为他以后成功竞选总统奠定了坚实的基础。

然而，厄运之神并没有因此放过罗斯福，三十九岁那年他患上了脊髓灰质炎。尽管他因病被迫坐在了轮椅上，可他依然充满着自信和坚强，一点也不相信这种病能够击倒一个像他这样的堂堂男子汉。

于是，在厄运面前，永不屈服的他，最后终于凭借自己的积极努力，成功地站了起来。

罗斯福总统身上的这种韧劲真是让人深深为之动容，因为我们大多数人都没有像他那样遭遇过如此多的不幸之事，在困境面前，我们也并不具备他那种积极行动、改变命运的艰苦奋斗精神。

面对如此险恶的环境，罗斯福都能勇敢地挺过去，我们为什么要轻而易举地被一点点倒霉击垮呢？不如擦干眼泪，从摔倒的地方重新爬起来，跨过伤心失落的悲观情绪，面向阳光，积极行动，奋力斩除困扰我们前行脚步的荆棘丛，坚定地朝自己的目标走去。

为了超越平凡，再扛一把

据说，古希腊哲学家苏格拉底是一个才思敏捷的智者，当时，很多人慕名前来想拜他为师。这些学生大多都天资聪颖，能问一答十。

开学第一天，苏格拉底对学生们说："今天咱们只学一件最简单也是最容易的事儿。每个人都把胳膊尽量往前甩，然后再尽量往后甩。"说完，苏格拉底就当着诸位学生的面儿，亲自示范了一遍，"从今天开始，同学们每天都坚持做三百下，大家都能做到吗？"

学生们都哈哈大笑起来，这么简单的事儿，压根就没有一点儿技术含量，又有何难呢？过了一个月，苏格拉底笑着问同学们："每天甩手三百下，请问有哪些同学还在坚持着？"

话音刚落，有 90% 的同学都得意扬扬地举起了自己的手，苏格拉底点头称是。又过了一个月，苏格拉底再次抛出同样的问题，这一回，还在坚持每天甩手三百下的同学仅剩八成。

一年过后，苏格拉底再一次问大家，"请问，现在还有哪几位同学坚持每天甩手三百下？"此时教室里鸦雀无声，只有一个人举起了手。这个坚持到最后的同学，后来成为世界上伟大的哲学家，他就是鼎鼎大名的柏拉图——哲学著作《理想国》的作者。

从这个故事中，我们可以发现成功往往是熬出来的，生活中那些看似简单容易的小事，其实也是最难做成的大事。这句话并不矛盾，说它简单容易，是因为只要愿意动手去做，我们一般都能完成；说它难，是因为能够坚持将它做下去的人，终究是寥寥无几。

一个小小的甩手动作，随着时间的流逝，能够将它坚持下来的人一天比一天少，最后仅剩下柏拉图一人。尼克松说："累了就歇在路边的人是不会得到胜利的。"柏拉图的坚持刚好体现了他骨子里的那一股韧性，因此，和其他"累了就歇在路边的同学"相比，柏拉图无疑是最早尝到胜利果实的那个人。

职场亦是如此，半途而废者经常会说："这样做下去毫无意义，还是放弃吧！"而能够持之以恒的人觉得："再努力坚持一步，成功就在不远处！"两种不同的工作态度，造就的往往也是两种截然不同的人生，无数的事实证明，前者在事业上总是不如后者来得成功。

蒋康杰在一家图书策划公司工作，刚进公司那会儿，只有中专学历的他，在一大群拥有大学本科学历的同事面前，还显得有几分自卑，总感觉自己处处都低人一等。

意识到自己和同事的差距所在，蒋康杰工作起来格外努力。他在心里暗暗地告诉自己，有没有和其他同事站在同一起跑线上，这件事儿并不重要，只要他有足够的耐力和韧性，对待工作始终能够坚持下去，最后他就一定能在事业上取得骄人的成绩。

带着这种永不言弃的心态，蒋康杰一直在这家图书策划公司工作了六七年，公司那时正处于创业阶段，每月所创造的利润并不是很高，员工的工资相对而言也就比较低。不到一年的时间，许多和蒋康杰一起进来的同事都坚持不下去了，他们纷纷向公司老板递交了辞呈。

可蒋康杰始终不愿意离开，他觉得公司的发展前景其实非常好，公司的老板也是一个颇有才干、能够沉得住气的人。只要坚持下去，他相信公司一定能安然地度过创业初期这段艰难的日子，慢慢迎来发展的春天。虽然他每个月只能拿到 2500 元的微薄薪水，但是不管公司经营多么困难，老板却始终不曾拖欠他们的薪水，仅凭这一点就足以让他信服。

就这样，公司里的员工来来去去，始终坚守在编辑岗位的却只有蒋康杰一人。公司老板也因此对蒋康杰刮目相看，有一天晚上，他热情地邀请蒋康杰来自己的家里吃饭，饭后他好奇地问道："公司现在还处于创业阶段，工资待遇也不是很好，这么多人都走了，你怎么就愿意留下来呢？"

蒋康杰笑了笑，言辞诚恳地回道："您不也在坚持吗？公司会慢慢壮大的，一口吃不成胖子，只要我们静心守候，迟早精诚所至，金石为开！"公司老板听了他这一番话，连连点头叫好，两个人真是惺惺相惜，私下里渐渐成为趣味相投的好朋友。

在那顿不同寻常的晚饭之后，蒋康杰带着强烈的责任感更加积极地投入到工作中，整日忙碌在电脑面前，不停地撰写书稿、改编文稿。闲暇，他还跟着公司老板学习图书策划。几年下来，公司的规模日渐壮大，他也一跃成为公司策划团队的总编辑，薪水连翻了好几倍。

罗曼·罗兰曾说："与其花许多时间和精力去凿许多浅井，不如花同样的时间和精力去凿一口深井。"我想，蒋康杰就是勇于凿深井的最佳代表。当身边的同事一个个因为薪水低廉导致工作热情不高，最后无奈地陷入职场倦怠，不得不选择辞职离开时，蒋康杰却坚持将工作之井凿下去，不见活水誓不罢休。这大概也印证了那句俗话"只要功夫深，铁杵磨成针"，坚持往往就是胜利，只有勇敢地闯过去，我们才能到达一片全新的天地。

骐骥一跃，不能十步；驽马十驾，功在不舍。同理，我们要想在职场大放异彩，一蹴而就绝对不是成功的秘诀，关键还是要拿出像滴水穿石那样持之以恒的精神。只要我们不轻言放弃，或许只要再坚持往前迈进一步，就能推开眼前那扇通向成功的虚掩的门。